Sammlung Göschen

Die Dampfkessel

Kurzgefaßtes Lehrbuch für das Selbststudium und den praktischen Gebrauch

Von

Friedrich Barth

Oberingenieur an der Bayerischen Landesgewerbeanstalt in Nürnberg

I
Kesselsysteme und Feuerungen

Mit 43 Figuren

Dritte, verbesserte Auflage

Berlin und Leipzig

Vereinigung wissenschaftlicher Verleger

Walter de Gruyter & Co.

vormals G. J. Göschen'sche Verlagshandlung · J. Guttentag, Verlagsbuchhandlung · Georg Reimer · Karl J. Trübner · Veit & Comp.

1919

Druck
der Spamerschen
Buchdruckerei in Leipzig.

Inhaltsverzeichnis.

IV. Abschnitt. **Die Wärmeübertragung.**

V. Abschnitt. **Verschiedene Kesselsysteme.**

Der II. Band handelt über „Bau und Betrieb der Dampfkessel“.

I. Abschnitt.

Allgemeines über Dampferzeugung und Dampfkessel.

Geschichtliches.

Die Kenntnis des gespannten Wasserdampfes reicht sehr weit zurück. Der erste, der sich nachweislich mit dem Studium des Dampfes befaßte, war Heron, ein griechischer Mathematiker und Physiker aus Alexandria, der ca. 100 Jahre v. Chr. lebte. Er konstruierte einen durch die Rückwirkung ausströmenden Dampfes kontinuierlich rotierenden Apparat, den er Äolipile (Äolusball) nannte. Nach ihm trat in der Verwendung des Wasserdampfes ein langer Stillstand ein, und erst dem Physiker Papin (1647—1710) gelang es, dieselbe wieder in neue Bahnen zu lenken. Er wies durch seinen Papinschen Topf nach, daß der gespannte Dampf sich zum Kochen, sowie zum Betrieb von Maschinen eignet (sog. atmosphärische Maschinen oder Feuermaschinen).

Aber weder Papin noch die auf seinen Grundlagen weiterbauenden Erfinder Savery, Newcomen und Cawley kamen zur vollen Erkenntnis der gewaltigen, in dem gespannten Dampf schlummernden Kräfte. Der erste, welcher den gespannten Wasserdampf direkt als Triebkraft verwendete, war James Watt.

Während die Wattsche Dampfmaschine mit Dampf von ca. 1,3 Atm. Spannung betrieben wurde, arbeiten unsere heutigen Dampfmaschinen mit Dampf bis zu 15 Atm., wobei derselbe in der Regel noch überhitzt wird. Unsere heutigen Kessel werden deshalb fast ausnahmslos für hohe Spannungen gebaut, am häufigsten für solche von 12—15 Atm. Man ist jedoch speziell bei Wasserrohrkesseln auch schon bis 20 Atm. und darüber gegangen.

Die großen Fortschritte auf dem Gebiete der Kraftmaschinen, insbesondere der Dampfturbinen, haben auf den Bau der Dampfkessel sehr anregend eingewirkt und auch hier bedeutende Fortschritte gezeitigt. Letztere äußerten sich in einer erheblichen Vergrößerung der Kesseleinheiten und der Heizflächenbeanspruchung sowie in einer besseren Grundflächenausnützung. Den Schwerpunkt dieser Entwicklung bildeten die Wasserrohrkessel, insbesondere die sog. Hochleistungskessel und die Steilrohrkessel.

Der Wasserdampf.

Durch Erhitzen von Wasser in einem geschlossenen Gefäß entsteht bekanntlich gespannter Dampf. Fig. 1 stellt die Er-

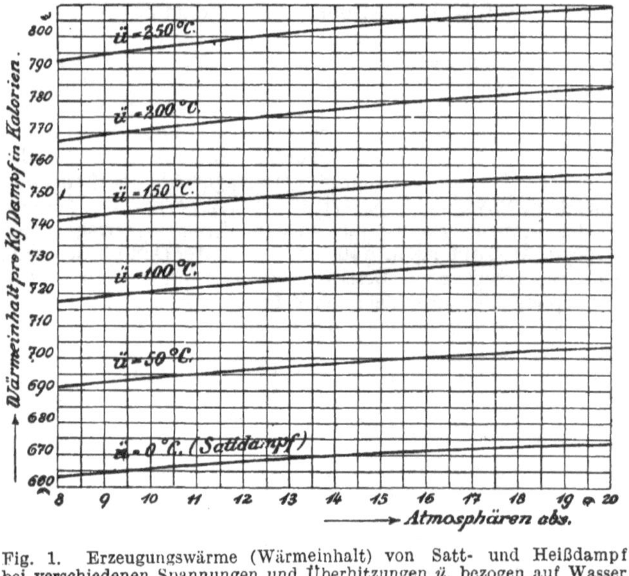

Fig. 1. Erzeugungswärme (Wärmeinhalt) von Satt- und Heißdampf bei verschiedenen Spannungen und Überhitzungen *ü*, bezogen auf Wasser von 0°.

zeugungswärme (Wärmeinhalt) von Satt- und Heißdampf bei verschiedenen Spannungen und Überhitzungen dar. Das spezifische Volumen des Sattdampfs bei verschiedenem Druck ist aus Fig. 2 zu entnehmen. Weiteres über den Dampf und seine Eigenschaften enthält das Bändchen I der „Dampfmaschinen", Sammlung Göschen, worauf hier verwiesen sei.

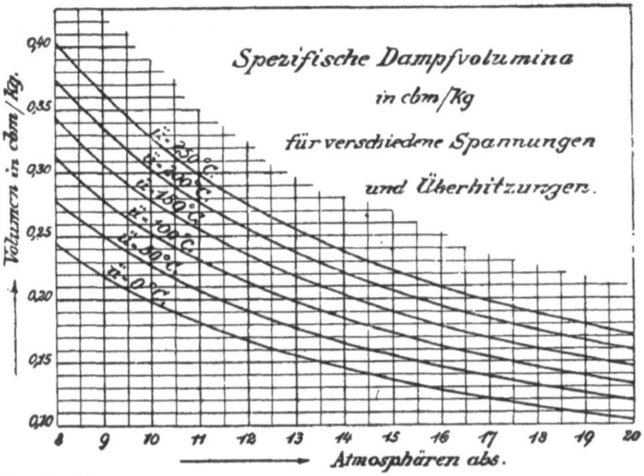

Fig. 2. Volumen von 1 kg Dampf bei verschiedenen Spannungen und Überhitzungen *ü*.

Die Brennstoffe für die Dampferzeugung.

Zur Dampferzeugung eignen sich sowohl feste, als auch flüssige und gasförmige Brennstoffe. In der Regel jedoch handelt es sich um die Verfeuerung von festen Brennstoffen, weshalb hier nur von diesen die Rede sei. Für gewisse Betriebe kommen wohl auch Abfälle, wie Hobelspäne, Sägespäne, Stroh, Lohe, Borke usw., als Brennmaterial in Betracht. Auch der Müll größerer Städte gelangt in neuerer Zeit für Dampfkessel zur Verwendung[1]).

Unsere festen (fossilen) Brennstoffe, Torf, Braunkohle und Steinkohle sind aus Holzsubstanz (Pflanzenfasern und Holz) entstanden, und zwar auf dem Wege der Zersetzung unter Luftabschluß bei gleichzeitiger, allmählicher Verdichtung. Über

[1]) Näheres über die Müllverbrennung findet sich in dem Werke des Verf. „Die zweckmäßigste Betriebskraft", Sammlung Göschen, Bd. I.

die Entstehung des Petroleums gehen die Ansichten der Forscher heute auseinander. Früher nahm man allgemein an, daß das Petroleum ein Zersetzungsprodukt mariner Tiere darstelle.

Der wichtigste Brennstoff für Dampfkraftanlagen ist die Steinkohle. Man unterscheidet für gewöhnlich zwischen Magerkohlen und Fettkohlen. Unter den ersteren versteht man eine Kohlenart, welche nur geringe Mengen flüchtiger, d. i. gasbildender Bestandteile (Kohlenwasserstoffe) enthält. Die magerste und zugleich die hochwertigste Kohle ist der Anthrazit. Im Gegensatz zur Magerkohle ist die Fettkohle reich an flüchtigen Bestandteilen. Fettkohlen verbrennen mit heller, langer Flamme und backen in der Hitze leicht zusammen (Backkohlen). Man bezeichnet sie auch als langflammige Kohlen im Gegensatz zu den mit kurzer Flamme verbrennenden Magerkohlen. Am häufigsten kommen in Deutschland langflammige Kohlen sowie ein Gemisch von Mager- und Fettkohlen für den Dampfkesselbetrieb zur Verwendung. Auch Braunkohlen sind infolge ihres hohen Gehaltes an flüchtigen Bestandteilen zu den langflammigen Brennstoffen zu rechnen[1]).

Scharf bestimmte Normen zur Unterscheidung der verschiedenen Steinkohlen bestehen nicht. Im Ruhrgebiet gelten für Magerkohlen als obere Grenze der flüchtigen Bestandteile etwa 12%, für Fettkohlen als untere Grenze der flüchtigen Bestandteile etwa 18%. Am gasreichsten sind die sog. Gas- und Gasflammkohlen. Diese werden hauptsächlich zur Gasfabrikation verwendet, sowie auch für Puddel- und Schweißöfen und für den Generatorbetrieb. Auch für Dampfkessel findet die Gasflammkohle, insbesondere als Grus, nicht selten Verwendung.

Unter dem „Heizwert" eines Brennstoffes versteht man die Zahl der Wärmeeinheiten bzw. Kalorien, die bei vollständiger Verbrennung von 1 kg des betreffenden Brennstoffes entwickelt werden. Man spricht hierbei von einem „oberen" und einem „unteren" Heizwert, wobei der erstere häufig auch als „Verbrennungswärme" bezeichnet wird. Für uns kommt nur der untere Heizwert in Betracht, da in technischen Feuerungen die Verbrennungsprodukte stets gas- bzw. dampfförmig entweichen müssen.

---

[1]) Einige Angaben über den Gasgehalt von Braunkohlen finden sich im II. Teil.

Zur Charakteristik eines Brennstoffes bedarf es in erster Linie des Heizwertes und des Gehaltes an Wasser und Asche bzw. mineralischen Bestandteilen. Für die laufende Beurteilung einer Kohle genügt die Untersuchung auf Asche und Wasser, während Heizwertbestimmungen nur bei Probelieferungen oder bei größeren Abweichungen in Betracht kommen. Wenn es sich jedoch um die Durchführung genauer Versuche mit Wirkungsgrad-Ermittlungen handelt, so tut man gut, eine vollständige Untersuchung der Kohle vornehmen zu lassen, wobei noch die Elementarzusammensetzung des Brennstoffes, dessen Verkokung sowie die Zusammensetzung der wasser- und aschefreien Substanz zu ermitteln sind.

Von Wichtigkeit für die Beurteilung einer Kohle ist endlich noch ihr Verhalten auf dem Rost. Bildet beispielsweise die Kohle viel dünnflüssige Schlacke, so tropft diese durch die Brennstoffschicht hindurch bis auf den Rost, wo sie, durch die Verbrennungsluft abgekühlt, eine Verstopfung der Rostspalten hervorruft. Die Folge ist, daß der Rost öfters geschlackt werden muß und die Verdampfung demnach schlechter wird, als auf Grund des Heizwertes zu erwarten wäre. In solchen Fällen würde daher der kalorimetrische Heizwert allein ein zu günstiges Bild von dem Brennstoff geben.

Will man zwei Brennstoffsorten miteinander vergleichen, so berechnet man ihren „Wärmepreis", indem man feststellt, wie teuer 10 000 Kal. zu stehen kommen. Ein solcher Vergleich gibt jedoch nur dann ein einwandfreies Bild, wenn es sich um Kohlen von ähnlicher Beschaffenheit handelt. Denn es ist noch in Betracht zu ziehen, daß sich die Brennstoffe in der Kesselanlage nicht alle gleich gut ausnützen lassen. Auf die Ausnützung eines Brennstoffes ist von Einfluß sein Verhalten auf dem Rost sowie sein Gehalt an festem Kohlenstoff und an flüchtigen Bestandteilen.

Der Preis eines Brennstoffes ist verschieden je nach dem Verbrauchsort und der Menge, in welcher der Brennstoff bezogen wird. Je weiter die Entfernung von dem Gewinnungsort ist, desto mehr wird sein Preis durch die Transportkosten erhöht. Dies gilt insbesondere für feste Brennstoffe, deren Gewinnung sich in Deutschland auf wenige Bezirke konzentriert.

Durch das Lagern des Brennstoffes verliert er unter Umständen nicht unerheblich an Gewicht infolge Austrocknens.

Ein Verlust an Wärme ist aber damit nicht verknüpft. Ein solcher tritt jedoch dadurch ein, daß sich der Sauerstoff der Luft teilweise mit dem Brennstoff verbindet. Die Folge ist eine langsame Zersetzung bzw. Verwitterung des Brennstoffes. Der letztere verliert hierbei an brennbaren Bestandteilen, während sein Aschengehalt zunimmt[1]). Die dadurch bedingte Abnahme des Heizwertes ist um so größer, je reicher die Kohle an flüchtigen Bestandteilen und je kleinkörniger bzw. grushaltiger sie ist. Es werden deshalb für Abnahmeversuche nicht selten grubenfrische Kohlen vorgeschrieben.

Der Heizwert der verschiedenen Kohlensorten schwankt innerhalb ziemlich weiter Grenzen. Selbst bei Kohlen aus ein und derselben Grube ist der Heizwert verschieden, je nach der Sortierung. In der Regel ist bei den kleinstückigen Sorten der Heizwert niederer, was daher rührt, daß diese meist einen etwas höheren Wasser- und Aschegehalt als die großstückigen Sorten haben, wodurch die brennbare Substanz eine Verringerung erfährt. Auch Förderkohle weist meist einen etwas geringeren Heizwert auf. Da sie nicht gewaschen ist, so enthält sie mehr Verunreinigungen (Schiefer usw.) als die gewaschenen Sorten. Bei Kohlen, die an und für sich wenig Wasser und Asche enthalten, sind die Heizwerte der verschiedenen Sortierungen fast gleich.

Der Preisunterschied zwischen den verschiedenen Sortierungen ist nicht so sehr durch die geringe Verschiedenheit des Heizwertes, als vor allem durch die Nachfrage bedingt. Es werden mehr großstückige als kleinstückige Kohlen verlangt. Früher, als man für die letzteren in Ermangelung geeigneter Feuerungen wenig Verwendung hatte, war der Preisunterschied noch erheblich größer als heute.

Bezüglich des Einkaufs der Brennstoffe sei noch bemerkt, daß Brennstoffe, wie andere Waren, nach ihrem Nutzwert, d. h. nach ihrem Heizwert eingekauft werden sollten. Denn der Heizwert ist bestimmend für den Wärmepreis und bildet den wichtigsten Maßstab für die Bewertung eines Brennstoffes in wärmetechnischer Hinsicht. Alle Versuche, die Preisbemessung der Brennstoffe auf Grund ihres Heizwertes vorzunehmen, scheiterten jedoch an dem Widerstand der Zechen und des Kohlensyndikats.

---

[1]) Vgl. Zeitschr. d. Vereins deutscher Ing. 1912, S. 324.

Die Kesselanlage und ihre Wirkungsweise.

Die in den Brennstoffen enthaltene thermische Energie wird mittels der Kesselanlage in Dampfenergie umgewandelt. Die Kesselanlage hat demgemäß die Aufgabe, den zum Betrieb von Kraftmaschinen, Heizanlagen od. dgl. erforderlichen Dampf zu erzeugen. Der Dampfkessel ist ein eiserner Behälter od. dgl., in welchem durch die Wirkung der Wärme Wasser aus dem flüssigen in den dampfförmigen Zustand übergeführt wird. Bezüglich der verschiedenen Kesselsysteme sei auf Abschn. V verwiesen.

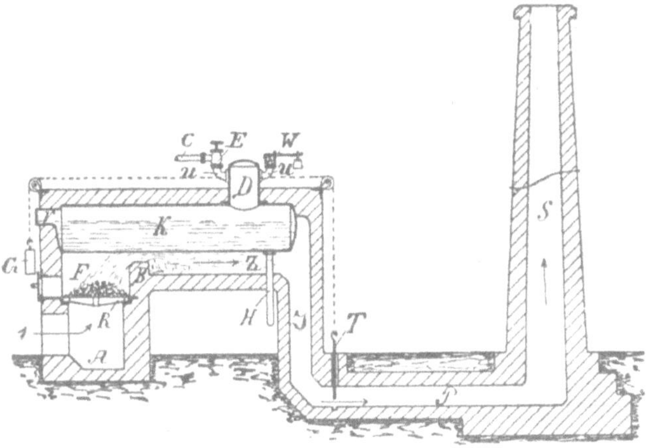

Fig. 3. Schematische Darstellung einer Kesselanlage mit Schornstein.

Zu unterscheiden ist zwischen dem eigentlichen Kessel und der Feuerung. Während der erstere ein „Mittel zur Wärmeübertragung" darstellt, bildet die Feuerung ein „Mittel zur Erzeugung von Wärme". Dies ist insbesondere dort zu beachten, wo es sich um die Frage der Wärmeausnützung handelt. Das mangelhafte Funktionieren einer Feuerung darf nicht einfach dem Kesselsystem als solchem zur Last gelegt werden[1]).

[1]) Vgl. in dieser Hinsicht die Ausführungen S. 82 ff.

Die Wirkungsweise einer Kesselanlage ergibt sich aus der schematisch gehaltenen Abb. 3. Der Kessel *K* ist hier ein gewöhnlicher Zylinder- bzw. Walzenkessel. Unter dem Kessel befindet sich die Feuerung *F*, deren Hauptbestandteil der Rost *R* ist. Letzterer ist hier ein gewöhnlicher Planrost. Er besteht aus parallel nebeneinanderliegenden, meist gußeisernen Stäben, die infolge seitlicher Ansätze alle um einen gewissen Betrag voneinander abstehen. Durch die so gebildeten Zwischenräume, Rostspalten genannt, strömt dann im Sinne des Pfeils 1 die zur Verbrennung der Kohle erforderliche Luft.

Das im Verbrennungsraum *F* brennende Feuer bestrahlt zunächst die darüber befindlichen Teile der Kesselwand und überträgt so einen Teil seiner Wärme auf den Kesselinhalt. Die Verbrennungsprodukte bzw. Heizgase streichen alsdann über die Feuerbrücke *B* hinweg, durch die Heizkanäle (Züge) *Z* nach dem Rauchkanal *J* und von da weiter durch den Fuchs *P* zum Schornstein *S*, dessen Höhe im allgemeinen zwischen 35 und 80 m liegt, um gute Zugverhältnisse, auch bei ungünstiger Witterung, zu bekommen.

Beim Passieren der Züge *Z* (im vorliegenden Fall hat man nur einen einzigen Zug) streichen die Verbrennungsprodukte an dem Kessel entlang und geben hierbei Wärme an dessen Inhalt ab. Derjenige Teil der Kesseloberfläche, welcher einerseits von den Heizgasen, andererseits vom Wasser bespült wird, heißt „Heizfläche". Man versteht in der Praxis unter Heizfläche stets die wasserberührte.

Beim Eintritt in den Rauchkanal *J* sollen die Heizgase den größten Teil ihrer Wärme an den Kessel abgegeben haben. Im Fuchs müssen die Heizgase mindestens noch 150° C besitzen, damit der Schornstein noch den nötigen Zug entwickelt[1]). Dem Schornstein fällt nämlich die Aufgabe zu, die Verbrennungsprodukte aus den Zügen sowie aus dem Verbrennungsraum abzusaugen und so den Verbrennungsprozeß aufrechtzuerhalten[2]).

Die im Aschfall *A* sich ansammelnde Asche wird zeitweise von außen abgezogen. Ebenso wird bisweilen der Rost mit Hilfe eines Schüreisens von den sich ansetzenden Schlacken

---

[1]) In der Regel beträgt die Temperatur der Abgase bei Kesselanlagen ohne Ekonomiser 250° C und darüber, normale Beanspruchung der Heizfläche und Rostfläche vorausgesetzt.

[2]) Die Zugerzeugung kann auch auf künstlichem Wege erfolgen. Vgl. S. 70.

gereinigt, um der Verbrennungsluft den freien Durchtritt durch die Rostspalten offen zu halten.

Zur Regulierung der „Brenngeschwindigkeit“[1]) dient der Rauchschieber oder Zugregler *T*. Derselbe ist in der Abbildung als gewöhnlicher Zugschieber dargestellt, wird jedoch häufig auch als Drehklappe ausgeführt, um das Einsaugen kalter Luft durch die Schieberspalten zu vermeiden[2]). Braucht man wenig Dampf, d. h. wenig Wärme, so verengt man mit Hilfe des Rauchschiebers die Durchtrittsöffnung für die Verbrennungsprodukte, worauf eine langsamere Verbrennung eintritt, und umgekehrt. Das Verstellen des Rauchschiebers geschieht (eventuell mittels Winde) vom Heizerstande aus durch Heben oder Senken des Gewichtes *G*, das durch Seil und Seilrollen mit dem Rauchschieber verbunden ist. Um die jeweiligen Schieberstellungen zu erkennen, empfichlt sich die Anbringung einer Skala am Heizerstand.

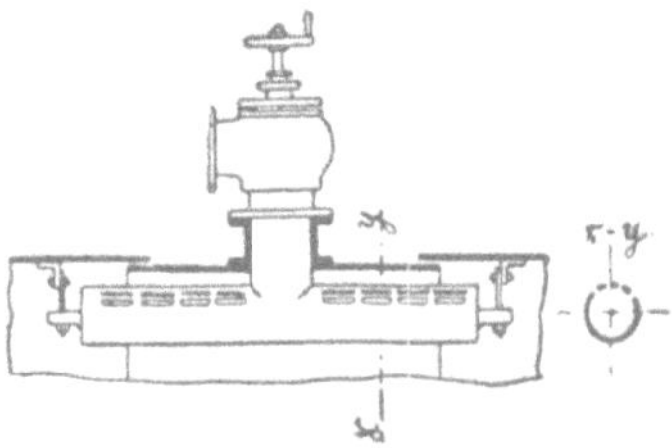

Fig. 4. Geschlitztes Rohr (an Stelle eines Dampfdoms).

Der Kessel ist, wie die Abbildung erkennen läßt, nur zum Teil mit Wasser gefüllt. Sein übriger Inhalt wird durch den Dampf eingenommen. Bei *D* besitzt der Kessel einen sog. Dampfdom[3]). Derselbe bildet eine — wenn auch minimale — Vergrößerung des Dampfraumes und gestattet, den Dampf an einer hoch über dem Wasserspiegel liegenden Stelle zu entnehmen, was beides für die Lieferung trockenen Dampfes günstig ist. Gleichzeitig dient der Dampfdom zur bequemen Anbringung verschiedener Rohrkrümmer *U*. An den letzteren sitzen die Sicherheitsventile *W* und das Hauptdampfabsperrventil *E*, von welchem aus die mit schlechten Wärme-

[1]) Vgl. II. Teil.

[2]) Bei Zugschiebern ist darauf zu achten, daß der Schieber möglichst wenig Spiel in seinem Rahmen hat, damit der Schornsteinzug durch das Eindringen kalter Luft nicht zu sehr beeinträchtigt wird. Nicht selten wird der Rahmen nach oben hin verlängert und vollständig abgeschlossen, so daß nur noch eine kleine Öffnung für die Schieberstange verbleibt.

[3]) Bei Wasserrohrkesseln ist der Dampfdom nicht üblich. Man bedient sich hier häufig eines geschlitzten Rohres (Fig. 4).

leitern umhüllte Rohrleitung *C* nach der Dampfmaschine führt, sowie das Absperrventil für die nach den Speisepumpen führende Dampfleitung.

Der vordere Kesselboden besitzt einen Vorkopf *V*, welcher zur Anbringung der Wasserstandsvorrichtung, der Manometer usw. dient[1]).

Der Kessel ist nach hinten etwas geneigt, damit er sich (zwecks Reinigung oder Revision) mit Hilfe des Rohres *H* leicht entleeren läßt. Das letztere dient hier gleichzeitig zur Speisung, welche möglichst gleichmäßig und ununterbrochen erfolgen soll. In Wirklichkeit wird jedoch ein besonderes Speiserohr von oben eingeführt, welches etwa 50—100 mm unter dem niedrigsten Wasserspiegel ausmünden soll, um gefährliche Entleerungen des Kessels durch die Speiseleitung zu verhüten.

Zum Schutze gegen die Wärmeausstrahlung und zur Unterbringung der Heizkanäle ist der Kessel eingemauert (in der Figur durch Schraffur angedeutet). Meist bringt man oben zwischen Kessel und Mauerwerk noch irgendeine Wärmeschutzmasse, wie Asche od. dgl. an, um die Abkühlungsverluste tunlichst herabzumindern. Aus dem gleichen Grunde ordnet man bisweilen in dem übrigen Mauerwerk Schlitze an, welche mit einem schlechten Wärmeleiter ausgefüllt werden.

Die Einmauerung soll aus bestem engfugigem Mauerwerk bestehen, weil schlechtes und weitfugiges Mauerwerk leicht rissig wird, wodurch Luft in die Heizkanäle eindringen und so den Wirkungsgrad der Anlage erheblich verschlechtern kann.

Sowohl der Kessel als auch die Feuerzüge müssen zwecks Reinigung oder Revision befahrbar sein. Zu diesem Zweck sind am Kessel sog. Mannlöcher (meist im Dampfdom oder Kesselboden) vorzusehen. Auch im Mauerwerk des Kessels sind entsprechende Einsteigöffnungen anzuordnen, welche während des Betriebes durch eine dicht schließende Tür oder durch leichte Vermauerung abgesperrt sind. Der Querschnitt der Feuerzüge ist mindestens so zu bemessen, daß die Befahrung derselben durch einen Mann möglich ist.

Die Lagerung des Kessels kann durch Unterstützung mittels gußeiserner oder schmiedeiserner Böcke (Stühle) bzw. mittels seitlicher Pratzen oder durch Aufhängung erfolgen. Bisweilen kommen auch Unterstützung und Aufhängung gleichzeitig zur Anwendung.

[1]) Derartige Vorköpfe sind heute nicht mehr gebräuchlich.

Ausrüstung der Dampfkessel.

Zur Kesselausrüstung gehören:

I. die grobe Armatur, auch Feuerungsarmatur genannt,
II. die feine Armatur,
III. die Einmauerungsteile,
IV. die Reserveteile,
V. Sonstiges.

I. Die grobe Armatur.

Diese umfaßt folgende Teile:

1. Feuergeschränke mit Heiztüren und Aschenfallklappen, Schutzbogen, sowie Schürplatten (S. 36),
2. Rost nebst Rostträgern bzw. Rostauflagen (S. 39),
3. Rauchschieber mit Rahmen, Rollen, Drahtseil mit Gegengewicht, Skala und eventuell Winde (S. 13),
4. 1 Satz Schürgeräte,
5. Rohrreiniger (bei Wasserrohrkesseln).

II. Die feine Armatur.

Die feine Armatur ist zum Teil gesetzlich vorgeschrieben[1]. Sie umfaßt:

1. das Dampfabsperrventil[2]),
2. die Sicherheitsventile mit einem Dampfabzugsrohr,
3. ein Speiserückschlagventil, auch kurz Speiseventil genannt,
4. ein Absperrventil zwischen dem Speiserückschlagventil und dem Kessel,
5. ein Speiserohr,
6. eine Ablaßvorrichtung (Hahn oder Ventil) mit Schlüssel und Ablaßrohr,
7. zwei Wasserstandszeiger mit Wasserstandsmarke, Abblasehahn, Abblaseröhrchen und Schutzvorrichtungen,

---

[1]) Vgl. II. Teil.

[2]) Neuerdings kommen mehr und mehr auch Schieber zur Anwendung; diese haben den Vorzug, daß sie keine Querschnittsverengung erzeugen, daß keine Richtungsänderung stattfindet, und daß kein nennenswerter Wassersack entsteht. Ihr Nachteil ist, daß sie sich nicht nachschleifen lassen wie Ventile, und daß der Absperrweg ziemlich groß ist; auch neigen sie zum Fressen. Kommt Sand oder Zunder dazwischen, so entsteht eine Undichtheit des Schiebers, die sich immer mehr vergrößert. Daher ist eine vollständig reine Rohrleitung Vorbedingung für die dauernde Dichtheit von Schiebern.

8. ein Manometer mit Kühlrohr und Dreiweghahn mit Kontrollflansch,
9. einen Satz Schraubenschlüssel,
10. einmalige Dichtungen und Schrauben.

Ist ein Überhitzer vorhanden, so kommen noch folgende Teile hinzu:

11. Umschaltventile in der Dampfleitung,
12. Sicherheitsventil am Überhitzer,
13. Thermometer mit Eintauchrohr,
14. Ablaßhähne (oder Ventile) für Kondenswasser,
15. eine Ausblasevorrichtung, bestehend aus Strahlrohr, biegsamem Schlauch und Dampfventil bzw. Kompressoranlage für Druckluft,
16. einmalige Dichtungen und Schrauben.

Fig. 5. Dampfabsperrventil (Durchgangsventil) mit Nickelarmaturen für überhitzten Dampf.

Bezüglich des Dampfabsperrventils sei bemerkt, daß dasselbe meist so eingerichtet ist, daß der Dampf unter das Ventil drückt, damit eine bequeme Entwässerung möglich ist. Als Material für die Dampfabsperrventile hat sich Gußeisen sehr gut bewährt, wobei zur besseren Abdichtung häufig Nickelringe, die mittels schwalbenschwanzförmiger Nuten in den Sitz und den Kegel eingelassen werden, Verwendung finden. Auch bei Dampfabsperrschiebern erfolgt die Abdichtung durch einen besonderen Nickeleinsatz. Rotguß als Dichtungsmaterial ist für Heißdampf ungeeignet.

Auf die Sicherheitsventile wird im II. Teil des näheren eingegangen.

Bezüglich der Speiseventile sei erwähnt, daß diese unter Einwirkung des Dampfdruckes selbsttätig schließen müssen. Die Speiseventile sollen möglichst dicht am Kessel sitzen. Vorgeschrieben ist die Zwischenschaltung eines Absperrventils zwischen Kessel und Speiseventil, zu empfehlen die Einschaltung eines Sicherheitsventils in die Speiseleitung.

Die Wasserstandszeiger haben, wie der Name sagt, die Aufgabe, den Wasserstand im Kessel anzuzeigen. Jeder Dampfkessel muß mit mindestens zwei geeigneten Wasserstandsvorrichtungen versehen sein, von denen wenigstens die eine ein Wasserstandsglas sein muß[1]). Zum Schutze gegen Zerspringen der Wasserstandsgläser sind starkwandige Glasschilde mit Drahteinlage od. dgl. anzubringen. Sehr empfehlenswert sind die Klingergläser, die eine besondere Schutzvorrichtung überflüssig machen.

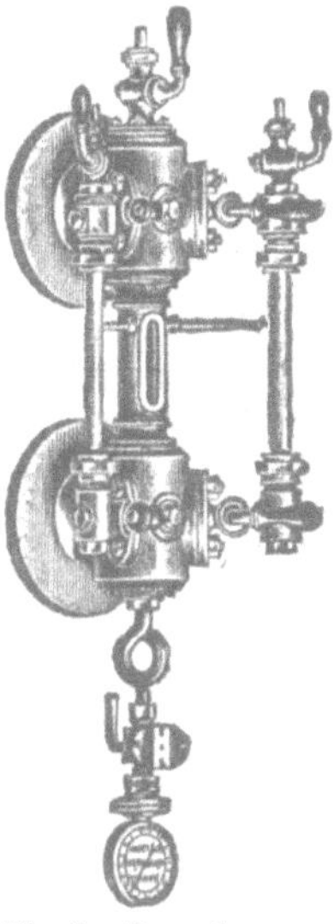

Fig. 6. Doppelwasserstandsanzeiger mit Eisenkörper und Manometer.

Probierhähne als Wasserstandsvorrichtungen wirken zwar nicht selbsttätig, haben aber den Vorzug der Einfachheit und Billigkeit, weshalb sie nicht selten neben einem Wasserstandsglas zur Anwendung kommen.

Die Manometer dienen zum Anzeigen des Dampfdrucks in Atmosphären. Sie müssen auf ihrem Zifferblatt einen roten Strich besitzen, der den festgesetzten höchsten Betriebsdruck deutlich markiert. Bei Landkesseln wird ein Manometer, bei Schiffskesseln dagegen deren zwei verlangt. Zur Kontrolle des Manometers, das im übrigen als Röhren- oder Plattenfeder-Manometer ausgebildet sein kann, ist ein Anschlußstutzen mit Kontrollflansch vorgeschrieben.

Nicht selten werden auch Alarmapparate bzw. Speiserufer vorgesehen, welche selbsttätig in Funktion treten, sobald der Wasserstand im Kessel zu tief gesunken ist. So bedient man sich häufig eines Metallstöpsels, welcher bei Berührung mit Dampf schmilzt und ein Warnungssignal veranlaßt.

III. Die Einmauerungsteile.

Diese bestehen aus:

1. Kesselträgern,
2. Putzkästen bzw. Reinigungsluken zum Reinigen der Züge,

[1]) Vgl. II. Teil.

3. verschiedenen U-Eisen, Spannstangen usw. als Gewölbeträger und zur Verankerung des Kesselmauerwerks,
4. verschiedenen Schaurohren,
5. Abdeckplatte aus Riffelblech zum Heizerstand.

Ist ein Überhitzer vorhanden, so kommen noch hinzu:

6. Regulierklappen für den Überhitzer,
7. Ausblaseöffnungen im Mauerwerk und Verschlüsse hierzu,
8. Zwischenträger für die Rohrschlangen,
9. Gewölbeträger mit Ankerscheiben,
10. Eisenteile zur Mauerwerksverankerung.

IV. Reserveteile.

Diese bestehen in der Regel aus einem Satz von Roststäben (etwa sechs Stück) sowie mindestens zwei Wasserstandsgläsern mit Dichtungsringen, letztere für den Fall, daß eines der Wasserstandsgläser zerspringt. Bei Wasserrohrkesseln kommen noch zwei Reserverohre und zwei komplette Rohrverschlüsse hinzu.

V. Sonstiges.

Als Zubehörteile im weiteren Sinne können noch aufgefaßt werden:

1. mechanischer Rostbeschicker mit Antriebsvorgelege usw., sofern ein solcher überhaupt in Betracht kommt,
2. zwei Speisepumpen,
3. Dampfleitung nach den Speisepumpen,
4. Auspuffleitung der Speisepumpen nebst Vorwärmer,
5. Abgasvorwärmer (Ekonomiser) mit Kratzer und Motor nebst Vorgelege, Schiebern usw.,
6. Saug- und Druckleitung der Speisepumpen,
7. Speisewasserbehälter,
8. Leitung zwischen dem Kessel und Überhitzer,
9. Dampfleitung vom Überhitzer zum Wasserabscheider,
10. Wasserabscheider mit selbsttätigem Kondenswasserableiter,
11. Kondenswasserleitung,
12. die nötigen Schrauben, Dichtungen und Rohrschellen,
13. Treppe mit Schutzgeländer zum Besteigen des Kessels,
14. Wasserreinigungsanlage,
15. Speisewassermesser, Dampfmesser, Kohlenwage, Zugmesser und Kohlensäuremesser zur Betriebskontrolle,

16. Zeichnungen und Beschreibungen zur Einholung der behördlichen Genehmigung für die Kesselanlage, ferner eine Zeichnung für die Aufstellung und Einmauerung derselben.

Überhitzer.

Die Überhitzer bestehen meistens aus einem System enger, nahtloser Röhren aus Flußeisen, welche von dem zu überhitzenden Dampf durchströmt und von außen beheizt werden. Gußeiserne Überhitzer sind für hohe Überhitzungsgrade weniger geeignet, als schmiedeeiserne. Dabei sind gußeiserne Überhitzer, System Schwörer, 50—60% teurer als schmieddeiserne. Und endlich halten sie nicht so lange wie letztere, weil sie infolge ihrer großen Wandstärken ziemlich heiß werden. Infolge dieser Umstände kommen die gußeisernen Überhitzer heute fast nicht mehr zur Anwendung.

Der vom Kessel kommende Dampf wird in ein rohrförmiges, meist gezogenes Sammelstück eingeleitet, in welches die Überhitzerrohre in der Regel eingewalzt sind. Der Dampf durchströmt dann die einzelnen Überhitzerschlangen gleichzeitig und wird so in eine große Anzahl dünner Fäden zerlegt, wodurch eine möglichst wirksame Überhitzung erzielt wird[1]). Weite Rohre sind nicht geeignet, weil in diesen der Dampf vornehmlich am Rohrumfang erhitzt würde, während der Kern unter Umständen noch gesättigt bzw. naß ist.

Die Überhitzerrohre münden alsdann in ein zweites Sammelstück ein, von welchem aus der Dampf nach der Kraftmaschine geleitet wird.

Die Wärmeübertragung und damit auch die Kühlung der Überhitzerrohre ist um so besser, je höher die Dampfgeschwindigkeit in den Rohren gewählt wird; vgl. S. 76. Eine zu große Strömungsgeschwindigkeit ist allerdings auch nicht erwünscht mit Rücksicht auf den dadurch verursachten Spannungsabfall.

Der Einbau des Überhitzers in die Feuerzüge der Kesselanlage erfolgt derart, daß die Sammelstücke samt den Rohreinwalzstellen außerhalb des Feuers liegen, wobei auf die Möglichkeit einer guten Entwässerung Bedacht zu nehmen ist. Um

[1]) Um den Überhitzer möglichst wirksam zu gestalten, hat man ihn schon mit verdrillten Einlagen ausgerüstet (sog. Sternüberhitzer oder Wirbelstromüberhitzer). Man kann auf diese Weise den Wärmedurchgang wesentlich erhöhen und kommt daher mit kleinerer Heizfläche aus. Auch die Haltbarkeit soll eine größere sein.

ein Verbrennen des — nicht selten im Gegenstrom arbeitenden — Überhitzers zu vermeiden, ist es notwendig, daß er in eine Feuerzone gelegt wird, in welcher die Heizgase für gewöhnlich nicht mehr als 500—700° C besitzen[1]). Damit bei verstärktem Betrieb eine zu starke Dampfüberhitzung sowie ein Verbrennen des Überhitzers sicher vermieden wird, ordnet man vor oder hinter dem Überhitzer gußeiserne Klappen oder Schieber an, vermöge deren der Strom der Heizgase nur zum Teil durch den Überhitzer geleitet werden kann. Diese Regulierklappen bzw. -schieber dienen gleichzeitig dazu, um beim Anheizen des Kessels, wo noch keine Kühlung durch den strömenden Dampf stattfindet, den Überhitzer auszuschalten und ihn so vor dem Verbrennen zu schützen.

Um bei hohen Heizgastemperaturen, wie sie z. B. bei kombinierten Kesseln auftreten, ein zu rasches Verbrennen der Regulierklappen zu vermeiden, ordne man diese hinter dem Überhitzer an. Der Überhitzer liegt dann gewissermaßen im Nebenstrom (Nebenzug). Man muß alsdann die Gase so führen, daß sie durch den Überhitzer hindurch einen Zug überspringen, bzw. einen kürzeren Weg zum Fuchs zurückzulegen haben. Wo die Heizgastemperatur nicht zu hoch ist, ordnet man die Klappe vor dem Überhitzer bzw. zwischen dem ersten und zweiten Kesselzug an und drückt die Heizgase gewissermaßen in den Überhitzer. Diese Anordnung ist, rein wärmetechnisch betrachtet, besser. Es ergibt sich nämlich hierbei eine bessere Wärmeausnützung, da die Gase die gesamte Kessel- und Überhitzerheizfläche zu bestreichen haben.

Die frühere Anordnung des Überhitzers im letzten Zug oder gar im Fuchs ist unwirtschaftlich, da sich auf diese Weise, trotz sehr großer Überhitzerfläche, nur geringe Überhitzungsgrade erzielen lassen. Es mag dies mit ein Grund dafür sein, daß man anfänglich meistens direkt gefeuerte Überhitzer anwendete. Heute zieht man für gewöhnlich den indirekt gefeuerten Überhitzer vor, da derselbe den Vorteil geringerer Wärmeverluste besitzt. Direkt gefeuerte Überhitzer kommen nur in besonderen Fällen zur Anwendung, beispielsweise bei sehr langen Dampfleitungen und bei großen Kesselbatterien[2]). Hier ist die Anordnung eines einzigen großen, direkt gefeuerten Überhitzers

---

[1]) Vgl. auch II. Teil.

[2]) Auch dort, wo sich in eine vorhandene Kesselanlage kein Überhitzer mehr einbauen läßt.

einfacher, als wenn jeder Kessel mit einem besonderen Überhitzer ausgerüstet ist. Dabei kann der direkt gefeuerte Überhitzer an beliebigem Ort, also unabhängig von der Kesselanlage, aufgestellt werden (am besten direkt vor der Maschine).

Bei direkt gefeuerten Überhitzern kann es leicht vorkommen, daß die Überhitzerrohre ausglühen und verbrennen, insbesondere bei reiner Gegenstromanordnung[1]). Um dies zu vermeiden, schaltet man dem Überhitzer eine Wasservorlage vor oder auch einen oder mehrere kleine Kessel, durch welche die Temperatur der Heizgase entsprechend verringert wird. In der Vorlage kann z. B. das Speisewasser vorgewärmt werden. Auch läßt man nicht selten den Überhitzer im Gleichstrom und Gegenstrom arbeiten, und zwar an der Eintrittsstelle der heißesten Gase im Gleichstrom, in der Folge im Gegenstrom. Dadurch wird eine intensivere Kühlung der Rohre an der heißesten Stelle erreicht. Schaltet man Zentralüberhitzern keine Heizfläche vor, so muß entweder die Temperatur im Verbrennungsraum durch reichlichen Luftüberschuß herabgedrückt oder ein Teil der Heizgase durch eine besondere Klappe direkt in den Fuchs geleitet werden, was natürlich beides unrationell ist.

Durch nachträglichen Einbau eines Überhitzers in eine bestehende Dampfkraftanlage erreicht man, daß der Kessel schwächer angestrengt wird und daß sich sein Wirkungsgrad um durchschnittlich 2—3% erhöht[2]). Man kann sonach bei gleicher Beanspruchung des Kessels eine größere Arbeitsleistung erzielen. Gegebenenfalls ist man auch in der Lage, den Kessel stärker anzustrengen, da der Überhitzer gewissermaßen als Nachverdampfer wirkt, indem er das durch den verstärkten Betrieb mitgerissene Wasser verdampft. Damit hängt es zusammen, daß die Erzeugung trockenen Dampfes seit Einführung der Überhitzung nicht mehr die Bedeutung hat wie früher beim Sattdampfbetrieb[3]).

Zu jedem Überhitzer gehören ein (oder zwei) Thermometer, ein Sicherheitsventil, zwei Ablaßhähne bzw. Ventile sowie eine Dampf- oder eine Druckluft-Ausblasevorrichtung, um während des Betriebs die Überhitzerrohre von angesetztem Ruß und

[1]) Vgl. S. 78.

[2]) Vgl. II. Teil.

[3]) Es ist deshalb heute nicht mehr berechtigt, die Güte eines Kesselsystems nach der Trockenheit des erzeugten Dampfes zu beurteilen.

Flugasche reinigen zu können. Ruß und Flugasche erschweren nämlich den Wärmedurchgang.

Die früher befürchteten Innenoxydationen der Überhitzer (und Rohrleitungen) durch den überhitzten Dampf bestehen zwar, sind jedoch selten so bedeutend, daß sie zur Unbrauchbarkeit des Überhitzers führen. Sie finden ihre Erklärung in der bei höheren Temperaturen in Gegenwart von Eisen stattfindenden Zersetzung des Wasserdampfs in seine Bestandteile. Am intensivsten wird diese Zersetzung, wenn man überhitzten Wasserdampf über glühendes Eisen leitet, welcher Fall beim Überhitzer praktisch dann vorkommen kann, wenn örtliche Erglühungen desselben stattfinden. Solche Erglühungen kommen z. B. vor, wenn eine starke Beheizung des Überhitzers bei ruhendem oder nur langsam strömendem Dampf erfolgt. Der Wasserdampf zersetzt sich alsdann in Wasserstoff und Sauerstoff. Letzterer wirkt unter Bildung von Eisenoxyduloxyd oxydierend auf das Eisen ein, während der Wasserstoff frei wird.

II. Abschnitt.

Die Verbrennung.

Der Verbrennungsvorgang.

Die Verbrennung ist ein chemischer Vorgang, bei dem sich die brennbare Substanz der Kohle (Kohlenstoff, Wasserstoff und Schwefel) unter Licht- und Wärmeentwicklung mit dem Sauerstoff der Luft vereinigt. Um den Verbrennungsprozeß einzuleiten, ist es zunächst notwendig, den Brennstoff auf eine bestimmte Temperatur, die sogenannte „Entzündungstemperatur“ zu erhitzen. Die Entzündungstemperatur ist verschieden, je nach Art des Brennstoffs. Sie beträgt für Holz 300°, für Holzkohle 360°, für Torf 225°, für Steinkohle 325° und für Koks 700° C.

Ist die Verbrennung eine vollkommene, so verbrennt der Kohlenstoff zu Kohlensäure (CO_2), der Wasserstoff zu Wasserdampf H_2O und der Schwefel zu schwefliger

Säure (SO_2). Im übrigen ist in den Verbrennungsgasen noch Stickstoff (aus der Luft) enthalten. Derselbe bildet gewissermaßen einen Ballast, da er in der Feuerung nutzlos mitzuerwärmen ist.

Bei den Feuerungen der Dampfkessel ist es zur Erzielung einer vollkommenen Verbrennung notwendig, mit einem gewissen „Luftüberschuß" zu arbeiten. Es wird deshalb in den Verbrennungsgasen einer Dampfkesselfeuerung stets auch überschüssiger Sauerstoff (O) enthalten sein.

Ist die Luftzufuhr zu gering, so ist die Verbrennung eine unvollkommene. Es bildet sich dann Kohlenoxyd (CO). Dasselbe ist ein brennbares Gas, dessen Entzündungstemperatur bei etwa 650° C liegt. Enthalten die Rauchgase Kohlenoxyd, das in Ermangelung von Luft nicht mehr verbrannt wird, so hat dies unter Umständen ganz erhebliche Wärmeverluste zur Folge. Denn 1 kg Kohlenstoff liefert bei Verbrennung zu Kohlenoxyd 2440 Kal., bei Verbrennung zu Kohlensäure dagegen 8140 Kal.

Die Verbrennung kann noch aus einem weiteren Grunde eine unvollständige sein, nämlich wenn der Kohlenstoff teilweise überhaupt unverbrannt bleibt, sei es durch Verluste in den Herdrückständen oder durch Bildung von Ruß und unverbrannten Gasen (Kohlenwasserstoffe). Letzteres kann nur bei solchen Brennstoffen eintreten, welche mehr oder weniger große Mengen flüchtiger Bestandteile enthalten. Hier bilden sich am Anfang Kohlenwasserstoffe, welche zum Teil Kohlenstoff ausscheiden. Solange im Verbrennungsraum die nötige Luftmenge und die erforderliche Temperatur vorhanden ist, verbrennen die Kohlenstoffteilchen sowie auch die Kohlenwasserstoffe. Sinkt aber die Temperatur zu tief, etwa unter 650 bis 700° C, oder fehlt es an Luft, so bleibt der ausgeschiedene Kohlenstoff unverbrannt, desgleichen die Kohlenwasserstoffe. Die Folge ist dann eine Ruß- und Rauchbildung.

Bei der Beurteilung des Verbrennungsvorgangs ist zu unterscheiden zwischen der Verbrennung des festen Kohlenstoffs und der der flüchtigen Bestandteile, da dies für die Konstruktion der Verbrennungsanlage von grundlegender Bedeutung ist. Sodann ist zu beachten, daß die Verbrennung von Gasen nicht augenblicklich, sondern mit einer endlichen Geschwindigkeit geschieht. Es ist deshalb ein ausreichend großer Verbrennungsraum nötig, da sich andernfalls die Flammen nicht frei entfalten können bzw. eine zu frühzeitige Abkühlung der Gase an den Heizflächen stattfindet; vgl. Ztschr. d. Ver. deutscher Ing. 1912, S. 1045.

Heizwert[1]), Zusammensetzung der Brennstoffe.

Der Heizwert läßt sich auf analytischem oder kalorimetrischem Wege bestimmen. Bedeutet

C den Kohlenstoffgehalt des Brennstoffs in Gew.-Proz.
H „ Wasserstoffgehalt „ „ „ „
S „ Schwefelgehalt „ „ „ „
O „ Sauerstoffgehalt „ „ „ „
A „ Aschengehalt „ „ „ „
W „ Wassergehalt „ „ „ „

so kann der Heizwert h von Steinkohlen und Braunkohlen angenähert nach der sogenannten Verbandsformel

$$h = 81 C + 290 \left(H - \frac{O}{8}\right) + 25 S - 6 W$$

berechnet werden.

---

[1]) Vgl. auch S. 8.

Die analytische Ermittlung des Heizwerts ist jedoch weniger genau als diejenige mit Hilfe des Kalorimeters, weshalb in den Normen die kalorimetrische Ermittlung vorgeschrieben ist.

Meist findet man in den Brennstoffanalysen die Summe von Sauerstoff und Stickstoff angegeben, weil der Stickstoffgehalt in den festen Brennstoffen nur gering ist, durchschnittlich 0,7 — 1%, im Maximum etwa 2%.

Luftbedarf für die Verbrennung.

Nach dem Vorausgehenden werden durch ungenügende Luftzufuhr Wärmeverluste hervorgerufen. Aber auch durch zu reichliche Luftzufuhr entstehen Wärmeverluste, da mit wachsendem Luftüberschuß der „Schornsteinverlust" zunimmt[1]). Man muß deshalb bestrebt sein, den Luftüberschuß möglichst gering zu halten, ohne daß jedoch unverbrannte Gase entstehen.

Je nach der Beschaffenheit des Brennstoffs, der Güte der Feuerung und der Bedienung muß man das 1,3—2fache der theoretischen Luftmenge zuführen, entsprechend einem Luftüberschuß von 30—100%. Bei nachlässiger Bedienung und bei schlechter Konstruktion der Feuerung kann der Luftüberschuß erheblich größer als 100% ausfallen.

Die atmosphärische Luft besteht aus 21 Vol.-Proz. Sauerstoff und 79 Vol.-Proz. Stickstoff. Dem Gewichte nach enthalten 100 kg Luft 23 kg Sauerstoff und 77 kg Stickstoff. Das zur vollkommenen Verbrennung von 1 kg Brennstoff theoretisch erforderliche Luftgewicht L berechnet sich zu

---

[1]) Vgl. S. 88.

$$L = \frac{\frac{8}{3}C + 8H + S - O}{23} \text{ kg }^{1)}.$$

Haben die Gasanalysen, außer K Vol.-Proz. Kohlensäure, o Vol.-Proz. Sauerstoff und n Vol.-Proz. Stickstoff ergeben, so ist das Verhältnis der tatsächlich zugeführten Luftmenge zur theoretisch erforderlichen, der sog. „Luftüberschußkoeffizient"

$$v = \frac{21}{21 - 79\frac{o}{n}} = \frac{K_m}{K},$$

wobei K_m den Höchstgehalt an Kohlensäure bei vollkommener Verbrennung ohne Luftüberschuß und K den wirklichen Kohlensäuregehalt bedeutet.

Unter normalen Betriebsverhältnissen ist der Luftüberschuß bei Handfeuerungen größer als bei mechanischen Feuerungen. Während man bei letzteren durchschnittlich 10—12% Kohlensäure in den Abgasen erreicht, kann man bei Handfeuerungen nur mit 8—9% Kohlensäuregehalt rechnen[2]).

Will man die Luftmenge in Kubikmetern, so ist zu berücksichtigen, daß 1 cbm Luft bei 0° und 760 mm Barometerstand 1,293 kg wiegt. Es ergibt sich demnach die Luftmenge in Kubikmetern bei 0° und 760 mm, wenn man das Luftgewicht mit 1,293 dividiert.

Häufig ist nur der Heizwert h des Brennstoffs, nicht aber seine Zusammensetzung bekannt. Man kann alsdann für das Luftgewicht annäherungsweise annehmen

$$L = 0{,}135 \frac{h}{100} \text{ kg}.$$

[1]) Die Bedeutung von C, H, S u. O ist dieselbe wie S. 24.

[2]) Vgl. S. 60 und 89.

Verbrennungstemperatur.

Die Temperatur im Verbrennungsraum ist von verschiedenen Faktoren abhängig, in erster Linie vom Heizwert des Brennstoffs und vom Luftüberschuß. Weiterhin ist auf die Verbrennungstemperatur von Einfluß, ob eine größere oder kleinere Wärmeabgabe unmittelbar im Feuerraum durch Strahlung und Leitung stattfindet.

Je höher der Heizwert eines Brennstoffs, desto größer ist die Verbrennungstemperatur. Je größer andererseits der Luftüberschuß ist, desto geringer fällt die Verbrennungstemperatur aus. Naturgemäß wird die Höhe der Verbrennungstemperatur auch durch eine mehr oder weniger vollkommene Verbrennung beeinflußt.

Bestehen die Wandungen des Feuerraums aus feuerfestem Mauerwerk, d. h. aus schlechten Wärmeleitern, so erreicht man wesentlich höhere Verbrennungstemperaturen, als wenn die Wandungen des Feuerraums ganz oder teilweise aus Heizflächen bestehen. Da letztere die Wärme rasch aufnehmen, so wird der unmittelbar im Feuerraum durch Strahlung und Leitung abgeführte Wärmebetrag größer und die Verbrennungstemperatur dementsprechend niederer ausfallen, als wenn die Wandungen aus schlechten Wärmeleitern bestehen.

Ist beispielsweise bei einem Wasserrohrkessel die Verbrennungstemperatur auf dem Rost 1500—1600° C (bei guten Steinkohlen), so werden die Verbrennungsgase beim Auftreffen auf die unterste Rohrreihe vielleicht nur noch 1100—1200° C besitzen. Der Rest ging direkt durch Strahlung und Leitung über.

Hat man es mit Brennstoffen von hohem Heizwert zu tun, so empfiehlt es sich im allgemeinen, Heizflächen in den Feuerraum zu legen. Bei geringwertigen Brennstoffen hingegen hätte die unmittelbare Wärmeübertragung im Feuerraum den Nachteil, daß die Verbrennungstemperatur unter denjenigen Wert herabgedrückt wird, welcher zur Aufrechterhaltung einer vollkommenen Verbrennung notwendig ist. Man muß aus diesem Grunde für Holz, Torf, Braunkohle u. dgl. den Feuerraum mit schlechten Wärmeleitern umgeben und zudem die Größe des Feuerraums so bemessen, daß die Verbrennung bereits beendet ist, wenn die Heizgase an die Kesselheizfläche gelangen.

Die Höhe der Verbrennungstemperatur T auf dem Rost berechnet sich wie folgt:

$$T = \frac{\eta_1 (1 - \sigma) h}{(1 + v L) c_p} + t$$ [1].

Hierbei bedeuten:

t die Raumtemperatur im Kesselhaus in Grad C,
h den Heizwert des Brennstoffs in Kal.,
v den Luftüberschußkoeffizienten,
c_p die spezifische Wärme der Rauchgase,
η_1 den Wirkungsgrad der Feuerung (0,8—0,9 bei feststehenden bzw. 0,7—0,8 bei beweglichen Kesseln),
σ das Ausstrahlungsverhältnis (für Innenfeuerungen 0,25—0,3, für Unterfeuerungen 0,2—0,25, für Vorfeuerungen bis 0,15),
L das theoretisch notwendige Luftgewicht pro Kilogramm Brennstoff.

Der Luftüberschußkoeffizient v kann für sehr gute Feuerungen und Brennstoffe zu etwa 1,5 angenommen werden, für weniger gute zu 1,8—2. Vorsichtshalber emp-

[1]) Eine genaue Berechnung der Verbrennungstemperatur nach dieser Gleichung ist nicht möglich, weil die einzelnen Koeffizienten nicht genau festliegen. Die Bestimmung der Verbrennungstemperatur erfolgt daher am besten durch unmittelbare Messung.

fiehlt es sich meist, bei Rechnungen die höheren Werte anzunehmen[1]).

Bei guten Ruhrkohlen erreicht man in Vorfeuerungen Verbrennungstemperaturen bis ca. 1700° C. Bei Innenfeuerungen verringert sich diese Temperatur auf etwa 1300° C. Bei guten Braunkohlen und Braunkohlenbriketts erreicht man ca. 1550° C in Vorfeuerungen und ca. 1150°C in Innenfeuerungen, wobei jeweils 50% Luftüberschuß vorausgesetzt sind. Für Unterfeuerungen liegt die Verbrennungstemperatur zwischen den oben angegebenen Werten, und zwar näher bei denjenigen für Innenfeuerungen.

Die Rauchgase.

Das Gewicht G der bei vollkommener Verbrennung von 1 kg Brennstoff entstehenden Rauchgase ist

$$G = (1 + vL) - R \text{ kg},$$

wobei R das Gewicht der Aschenrückstände bedeutet; L und v haben die gleiche Bedeutung wie oben. Die im einzelnen pro Kilogramm Brennstoff entstehenden Verbrennungsgase ergeben sich aus der nachfolgenden Zusammenstellung. Die Bedeutung von C, H, O, S und W ist hierbei dieselbe wie S. 24.

Die zur vollkommenen Verbrennung erforderliche Sauerstoffmenge O_e ergibt sich zu

$$O_e = \frac{\frac{8}{3} C + 8H + S - O}{100} \text{ kg}.$$

Addiert man die einzelnen Gasgewichte bzw. Volumina, so bekommt man das Gesamtgewicht bzw. -Volumen der pro Kilogramm Brennstoff entstehenden Rauchgase einschließlich Wasserdampf. Läßt man den letzteren weg,

[1]) Vgl. in dieser Hinsicht auch II. Teil.

so ergibt sich das Volumen V der trockenen Rauchgase, welches für die Berechnung des Kohlensäuregehalts K maßgebend ist[1]). Der Kohlensäuregehalt der Abgase in Vol.-Proz. bestimmt sich zu

$$K = \frac{C}{0{,}536 \cdot V} \%.$$

Verbrennungsgase aus 1 kg Brennstoff	Gewicht kg	Volumen bei 0° und 760 mm cbm	Spez. Gewicht bei 0° und 760 mm kg	Spez. Wärme bei konst. Druck und 0° bez. auf 1 kg
Kohlensäure	$\frac{3{,}667\,C}{100}$	$\frac{3{,}667\,C}{100 \cdot 1{,}977}$	1,9771	0,201
Sauerstoff aus der Luft	$O_e(v-1)$	$\frac{O_e(v-1)}{1{,}429}$	1,4292	0,217
Sauerstoff aus der Kohle	O			
Stickstoff aus der Luft	$3{,}31 \cdot O_e \cdot v$	$\frac{3{,}31\,O_e \cdot v}{1{,}250}$	1,2505	0,244
Stickstoff aus der Kohle	N			
Schweflige Säure . .	$\frac{2\,S}{100}$	$\frac{2\,S}{100 \cdot 2{,}927}$	2,9272	0,15
Wasserdampf . . .	$\frac{9\,H + W}{100}$	$\frac{9\,H + W}{100 \cdot 0{,}804}$	0,804	0,467

Wird bei einem Verdampfungsversuch außer der Zusammensetzung der Kohle auch der Kohlensäuregehalt K der Rauchgase bestimmt, so ergibt sich gemäß Normen das Heizgasvolumen pro Kilogramm Kohle bei 0° und 760 mm zu

[1]) Bei Messung des Kohlensäuregehalts der Abgase mittels eines Orsat-Apparates nimmt die Gasprobe die Temperatur des Meßgefäßes bzw. den dieser Temperatur entsprechenden Feuchtigkeitsgehalt an. Man erhält deshalb dieselben Volumprozente wie bei Messung an absolut trockenen Gasen.

$$\frac{C}{0{,}536 \cdot K} + \frac{9H + W}{100 \cdot 0{,}804}.$$

Da bei dieser Beziehung angenommen ist, daß aller Sauerstoff mit der Luft zugeführt wird, so ergibt sie etwas mehr Rauchgas als die genaue Einzelberechnung, bei welcher der Sauerstoffgehalt der Kohle berücksichtigt wird.

Im II. Teil sind die Rauchgasmengen, der Kohlensäuregehalt der Rauchgase, deren spezifische Wärmen usw. für einige Brennstoffe zusammengestellt, und zwar bei verschiedenen Luftüberschußkoeffizienten v.

Bezüglich der spez. Wärmen pro Kilogramm Gas ist zu bemerken, daß dieselben mit zunehmender Temperatur wachsen. Meist rechnet man mit 0,24 als mittlerer spez. Wärme der Rauchgase bei 0°. Bezieht man die spez. Wärmen auf 1 cbm Verbrennungsgas, so nehmen dieselben mit wachsender Temperatur ab. Meist rechnet man mit 0,32 als mittlerer spez. Wärme der Rauchgase bei konstantem Druck, bez. auf 1 cbm Gas von 0° und 760 mm QS.

In Fig. 54—56 (II. Teil) ist für einige Brennstoffe die Abhängigkeit der spezifischen Wärme der Rauchgase von deren Temperatur und Luftüberschuß zur Darstellung gebracht. Die Berechnung der einzelnen spez. Wärmen c_p zwischen 0 und $t°$ erfolgte hierbei auf Grund nachstehender Formeln, welche sich auf 1 kg beziehen und in denen t die Temperatur nach Celsiusgraden bedeutet.

Sauerstoff: $c_p = 0{,}217 + 0{,}000034\,t$,
Stickstoff: $c_p = 0{,}244 + 0{,}000039\,t$,
Kohlensäure: $c_p = 0{,}201 + 0{,}0000742\,t - 0{,}000000018\,t^2$,
Wasserdampf: $c_p = 0{,}467 - 0{,}0000168\,t + 0{,}000000044\,t^2$.

Für schweflige Säure wurde c_p bei 50° zu 0,150 und

bei 700° zu 0,185 angenommen; Zwischenwerte wurden interpoliert.

Die Formeln für Kohlensäure und Wasserdampf stammen von Holborn und Henning. Neuere Versuche von Pier zeigen nur wenig abweichende Werte.

Eine eingehende Abhandlung über die thermischen Eigenschaften der einfachen Gase und der technischen Feuergase zwischen 0 und 3000° C findet sich in der Ztschr. d. Ver. deutscher Ing. 1916, S. 630ff.

III. Abschnitt.
Die Feuerungsanlagen.

Allgemeines über Feuerungen.

Eine Feuerungsanlage zerfällt in drei Hauptteile, den Feuerraum, bzw. die Verbrennungskammer, die Heizzüge und den Schornstein. In diesem Abschnitt handelt es sich in der Hauptsache um die Besprechung des Feuerraums, d. h. um die eigentliche Feuerung. Und zwar sollen hier vornehmlich Feuerungen für feste Brennstoffe besprochen werden, während die Feuerungen für flüssige und gasförmige Brennstoffe nur kurz gestreift werden sollen. Die Kohlenstaubfeuerungen können hier in Anbetracht ihrer verhältnismäßig geringen Verbreitung überhaupt nicht erörtert werden.

Die Feuerungen für feste Brennstoffe sind durchweg Rostfeuerungen. Der Rost dient zur Aufnahme des Brennstoffs sowie zur Zuführung und Verteilung der Verbrennungsluft. Je nachdem sich die Feuerung innerhalb, unterhalb oder vor dem Kessel befindet, unterscheidet man Innenfeuerungen (Fig. 8), Unterfeuerungen (Fig. 7) und Vorfeuerungen (Fig. 14). Während der Feuerraum bei Innenfeuerungen zum größten Teil oder vollständig von Kesselheizfläche umgeben ist, wird bei Vorfeuerungen die Feuerungseinrichtung dem Kesselkörper vorgebaut. Vorfeuerungen können deshalb bei allen Kesselsystemen angewendet werden, wenn es sich um die Verfeuerung minderwertigen Brennmaterials handelt[1]), Unterfeuerungen kommen vorwiegend bei Walzen- und Wasserrohrkesseln zur Anwendung.

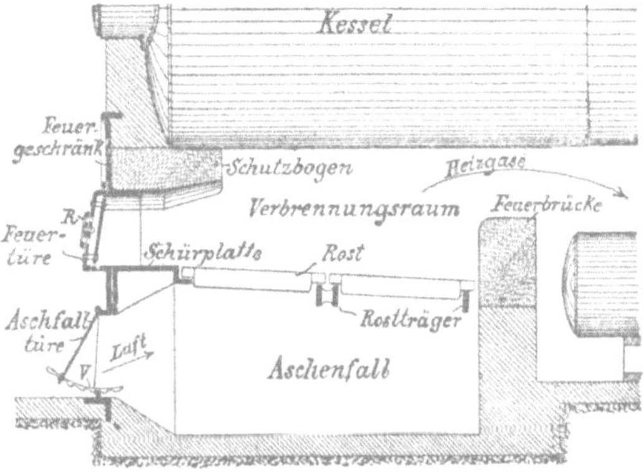

Fig. 7. Planrostunterfeuerung.

Je nach der Form und Anordnung des Rostes unterscheidet man:

1. Planrostfeuerungen; bei diesen ist die Rostfläche eben und horizontal, oder doch annähernd horizontal;
2. Schrägrostfeuerungen; hier ist dic Rostfläche eben, jedoch derart geneigt, daß der Brennstoff selbst-

[1]) Für hochwertiges Brennmaterial ist die Vorfeuerung ungeeignet, da hier das Mauerwerk rasch zerstört würde. Bezüglich der Anwendung von Vorfeuerungen für Flammrohrkessel vgl. S. 102.

tätig, der fortschreitenden Verbrennung entsprechend, nach dem unteren Rostende hinabrutscht;

3. Treppenrostfeuerungen; hier wird der Rost durch nach Art von Treppenstufen übereinandergelegte Eisenplatten bzw. Stäbe gebildet. Die Neigung der Treppe ist hier ebenfalls so zu wählen, daß der Brennstoff selbsttätig hinabgleitet.

Je nach der Art der Beschickung unterscheidet man Feuerungen mit Handbeschickung und solche mit mechanischer Beschickung. Bei den ersteren wird der Brennstoff mittels Schaufel von Hand aufgegeben, während er bei den mechanischen Feuerungen ununterbrochen durch mechanische Vorrichtungen in den Verbrennungsraum befördert wird. Speziell die mechanischen Feuerungen zerfallen wieder in solche mit festem Rost und solche mit bewegtem Rost.

Ein Mittelding zwischen den Handfeuerungen und den mechanischen Feuerungen bilden die sog. Schüttfeuerungen. Der Brennstoff wird hier in einen Schütttrichter gefüllt, aus dem er selbsttätig vermöge seines Gewichts auf den Rost (Schrägrost oder Treppenrost) fällt und denselben hinabgleitet.

Von einer guten Feuerung wird eine möglichst vollkommene, praktisch rauchfreie Verbrennung verlangt[1]). Auch muß sich der Betrieb der Feuerung den Schwankungen in der Dampfentnahme anpassen lassen. Weiterhin ist im Interesse der Betriebssicherheit sowohl als auch der Wirtschaftlichkeit zu verlangen, daß die Feuerungsanlage dauerhaft ist und wenig Reparaturen verursacht. Nicht zuletzt ist noch zu fordern, daß sich die Bedienung

[1]) Bei entsprechend aufmerksamer und sachgemäßer Bedienung läßt sich mit den meisten Feuerungen rauchschwach arbeiten. Feuerungen, welche die Bedingungen der vollkommenen Verbrennung besonders leicht erfüllen lassen, bezeichnet man wohl auch als „rauchverzehrende“.

einer Feuerung möglichst einfach gestaltet. Inwieweit die verschiedenen Feuerungen diesen Forderungen genügen, ergibt sich aus den weiter unten folgenden Darlegungen.

Naturgemäß lassen sich die Bedingungen der vollkommenen Verbrennung bei Handbeschickung wesentlich schwerer erfüllen als bei mechanischen Feuerungen oder bei Schüttfeuerungen. Während bei den beiden letzteren der Verbrennungsvorgang ein dauernd gleichmäßiger ist, verläuft er bei Handbeschickung periodisch, da hier der Brennstoff unterbrochen und in mehr oder weniger großen Mengen aufgegeben wird.

Es gibt eine große Anzahl von mehr oder weniger brauchbaren Feuerungskonstruktionen. Insbesondere die mechanischen Feuerungen haben eine sehr vielseitige Ausbildung erfahren. Hier sollen vor allem diejenigen Feuerungen besprochen werden, welche eine allgemeine Bedeutung erlangt haben.

Planrostfeuerungen.

1. Allgemeines.

Die Planrostfeuerung besitzt einen horizontal oder nur wenig geneigten ebenen Rost. Der Rost wird gemäß Fig. 7 nach hinten durch die Feuerbrücke und nach vorne durch die Schürplatte und das Feuergeschränke nebst Feuertür begrenzt. Die Feuerbrücke bildet den Abschluß des Rostes bzw. des Feuerraums. Sie verhütet, daß Brennstoff über den Rost hinausfällt. Weiterhin soll die Feuerbrücke die Luft zu einem möglichst senkrechten Aufsteigen vom Rost veranlassen. Und endlich soll sie eine gewisse Einschnürung erzeugen, so daß die Mischung der Gase mit Luft und damit deren Verbrennung begünstigt wird. Man mache deshalb, wenn möglich, die Feuerbrücke ausreichend hoch, am besten nicht unter 300 mm.

Die Schürplatte *u* bildet meist die vordere Stütze des Rostes und dient vor allem dazu, die eigentliche Verbrennungszone weiter in die Feuerung bzw. den Kessel hinein zu verlegen, um so die Strahlungsverluste nach vorn zu verringern. Die Unterstützung des Rostes am hinteren Ende geschieht an der Feuerbrücke. Dazwischen wird der Rost durch besondere Rostträger unterstützt.

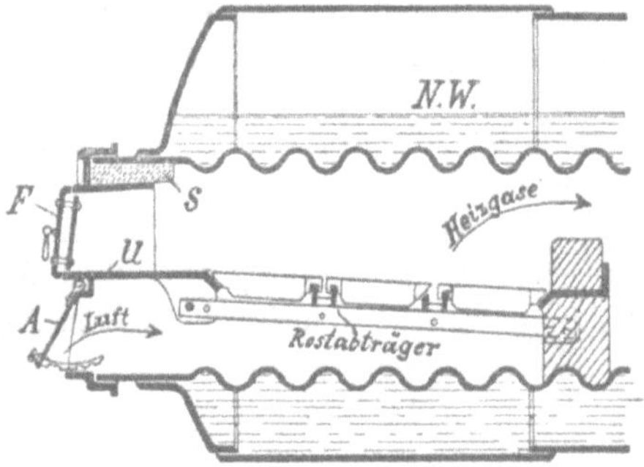

Fig. 8. Planrostinnenfeuerung.

Mit Rücksicht auf eine bequeme Bedienung des Rostes soll derselbe etwa 700—800 mm über dem Fußboden liegen und womöglich nicht über 2 m lang sein. Um eine freie Flammenbildung zu bekommen und eine Abkühlung der noch nicht verbrannten Gase unter die Entzündungstemperatur zu vermeiden, soll die Höhe des Verbrennungsraums über dem Rost für gewöhnlich nicht unter 0,5 bis 0,6 m betragen. Bei Innenfeuerungen ist dies allerdings nicht immer möglich.

Das Feuergeschränke bildet eine Art Rahmen und besteht meist aus Gußeisen. Schmiedeeiserne Feuergeschränke bieten zwar den Vorteil größerer Sicherheit gegen Temperaturspannungen, jedoch stellen sie sich im Preis erheblich teurer als gußeiserne. Auch ist das geringere Gewicht schmiedeeiserner Feuergeschränke nicht immer erwünscht. Bei Unterfeuerungen und Vorfeuerungen, wo das Feuergeschränke am Mauerwerk befestigt werden muß, empfiehlt es sich nämlich, das Feuergeschränke genügend schwer zu machen, um dem Mauerwerk durch heftiges Zuschlagen der Feuertür möglichst wenig zu schaden.

Das Feuergeschränke dient zur Aufnahme der Feuer- und Aschenfalltüren. Die Anschlagflächen für die Türen werden gehobelt und etwas geneigt ausgeführt, damit stets ein sicherer Abschluß der Türen durch ihr Eigengewicht erfolgt. Hinter den Türen sind gegebenenfalls Schutzbogen aus Mauerwerk zum Schutz der vorderen Nietung anzuordnen.

Die Feuertür besteht aus Gußeisen und besitzt innen eine angegossene oder angenietete Platte zum Schutz gegen unmittelbare Bestrahlung und gegen Zerspringen. Die Tür selbst ist möglichst kräftig zu halten. Meist befindet sich in der Feuertür eine mittels Schieber oder Rosette *R* verschließbare Öffnung zur Kühlung von Tür und Geschränke und zur Zuführung von Oberluft (Sekundärluft). Schaulöcher zur Beobachtung des Feuers bringt man heute selten mehr an, da der Heizer es in der Regel doch vorzieht, die Feuertür etwas zu öffnen.

Am häufigsten werden einflügelige, nach außen aufschlagende Türen angewendet[1]). Es ist notwendig, die Türöffnung mit Rücksicht auf die beim Beschicken ein-

[1]) Es werden wohl auch nach innen aufschlagende Türen ausgeführt, um bei Kesselschäden das Austreten von Dampf durch die Feuertür und das Herausschleudern der glühenden Kohlen zu verhindern.

tretende kalte Luft möglichst klein zu halten. Man mache die Öffnung, um mit der Schaufel noch bequem durchzukommen, 300—400 mm breit und 200—350 mm hoch. Bei großer Rostbreite bringe man 2, 3 oder 4 voneinander unabhängige Türen an.

Die Aschfalltür besteht aus Gußeisen, häufig auch aus Schmiedeeisen. Da die Aschfalltür vielfach zur Regelung der Luftzufuhr mitbenützt wird, so versieht man sie mit einer Vorrichtung V zum Feststellen in verschiedenen Lagen. Bei Türen mit senkrechter Drehachse ist eine Stellvorrichtung überflüssig.

Im Grunde genommen ist die Aschfallklappe für den Betrieb überhaupt nicht nötig. Denn das Regulieren der Luftmenge hat mit dem Rauchschieber zu erfolgen. Beim Regulieren mit Aschfallklappe bekommt man zu großen Unterdruck in die Züge (Einsaugen falscher Luft) und außerdem können die Roststäbe, weil die kalte Außenluft nicht frei zutreten kann, leicht verbrennen. Die Heizer ziehen es allerdings in der Regel vor, mit der Aschfallklappe zu regulieren, da ihnen das Verstellen des Rauchschiebers zu beschwerlich ist.

Die Verbindung der Schürplatte mit dem Rahmen erfolgt durch Schrauben. Das Material der Schürplatte besteht aus Gußeisen. Zum Tragen der Roststäbe dient eine schräge oder abgestufte Leiste[1]).

Sind mehrere Lagen von Roststäben hintereinander notwendig, so müssen zwischen Feuerbrücke und Schürplatte sog. Rostabträger (Rostträger) angeordnet werden. Dieselben sind dem Gewicht des Rostes und des Brennstoffs entsprechend kräftig zu bemessen. Eine ausreichende Dimensionierung ist schon mit Rücksicht auf deren Befestigung notwendig. Bei Vor- oder Unterfeue-

[1]) Am besten sind schräge Leisten; vgl. S. 43.

rungen werden die Rostabträger mit ihren Enden eingemauert.

Die Beschickung des Planrosts kann von Hand oder auf mechanischem Wege erfolgen. Näheres über die mechanische Rostbeschickung und deren Vorteile findet sich auf S. 59.

Die Vorzüge der Planrostfeuerung liegen in ihrer großen Einfachheit und ihrer Anpassungsfähigkeit an wechselnden Dampfverbrauch. Die Planrostfeuerung eignet sich für eine sehr große Zahl von Brennstoffen, am besten für hochwertige. Sie kann für alle Kesselsysteme angewendet werden. Auch läßt sich der Planrost leicht übersehen und bequem abschlacken.

2. Der Rost und die Roststabform.

Der Rost besteht aus einzelnen neben- und hintereinanderliegenden Roststäben, deren Form und Abmessungen verschieden gewählt werden, je nach Art und Beschaffenheit des zu verfeuernden Brennmaterials. Meist erhält der Rost eine geringe Neigung nach hinten, damit er von unten bequem übersehen werden kann. Nicht selten ist eine Neigung schon um deswillen notwendig, damit man eine genügende Höhe für die Feuerbrücke bei ausreichendem freiem Querschnitt über derselben bekommt.

Die Roststäbe müssen einerseits eine dem Brennstoffgewicht entsprechende Tragfähigkeit besitzen. Andererseits sollen sie eine genügende Widerstandsfähigkeit gegen Verbrennen und Verwerfen aufweisen. Weiterhin sollen die Stäbe der Verbrennungsluft einen möglichst großen Durchgangsquerschnitt frei lassen, ohne daß jedoch zu weite Luftspalten entstehen. Zu weite Rostspalten ergeben nämlich bei feinkörnigem Brennstoff einen zu großen

„Herdverlust" (Durchfallen von Brennstoff). Auch ist zu verlangen, daß die Rostspalten möglichst leicht von Schlacke zu reinigen sind. Und endlich ist es notwendig, daß die Luft gut verteilt wird, daß der Roststab gut abgekühlt und die Luft gut vorgewärmt wird sowie daß der Schwerpunkt des Stabes unterhalb seiner Sitzfläche liegt.

Das Produkt aus der ganzen Rostlänge und Rostbreite nennt man die „gesamte" oder „totale Rostfläche". Unter der „freien Rostfläche" versteht man die durch

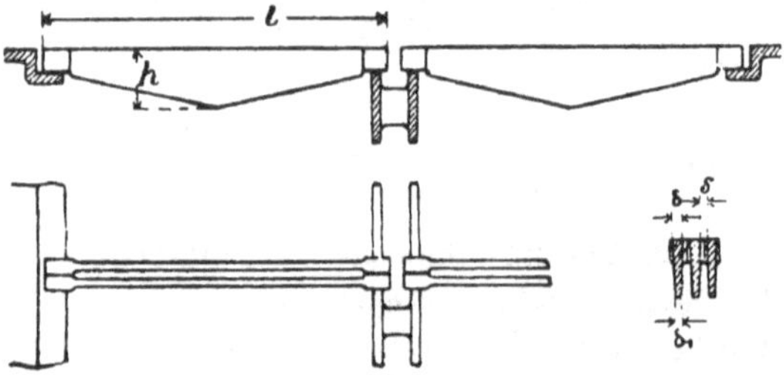

Fig. 9. Einfacher gerader Roststab (*h* zweckmäßiger konstant).

die Rostspalten gebildete Fläche, durch welche die Verbrennungsluft eintritt. Dieselbe beträgt bei Steinkohlen etwa $^1/_4$—$^1/_2$, bei Braunkohlen $^1/_5$—$^1/_3$ der gesamten Rostfläche. Man ist bestrebt, die freie Rostfläche so groß als möglich zu machen, da der Rost um so stärker beansprucht werden kann, je größer die Luftzufuhr ist. Die freie Rostfläche hängt von der Spaltweite und diese von der Korngröße und dem Backen des Brennstoffs, der Dünnflüssigkeit der Schlacke und den Zugverhältnissen ab.

Es gibt eine große Anzahl verschiedener Roststabformen. Am häufigsten werden gußeiserne Roststäbe nach den Fig. 9—12 angewendet[1]). Die Krone bzw.

[1]) Die Gattierung der Gußeisenroststäbe hat mit Rücksicht auf möglichst große Feuerbeständigkeit zu erfolgen.

Brennbahn derselben wird meist durch Abschrecken (Kokillenguß) hart gemacht, um eine größere Widerstandsfähigkeit gegenüber den chemischen Angriffen der Schlacke zu erzielen. Man erreicht dadurch gleichzeitig eine glattere Brennbahn, so daß sich die Schlacken leichter entfernen lassen. Schmiedeeiserne Stäbe nach Art der Fig. 13 sind verhältnismäßig wenig in Anwendung.

Am meisten ist der einfache gußeiserne Roststab (Fig. 9) in Gebrauch. Er wird gewöhnlich in Längen von

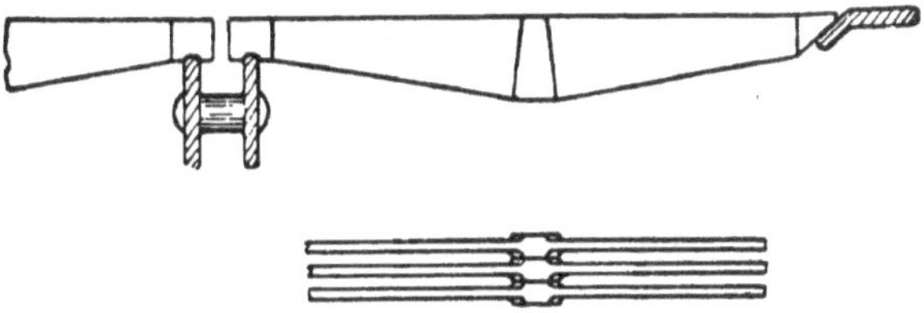

Fig. 10. Gerader Gußeisenroststab mit seitlichem Ansatz und abgeschrägtem Kopf (*h* zweckmäßiger konstant).

500—600 mm ausgeführt. Bei größerer Länge empfiehlt sich zur Verhütung des Werfens ein seitlicher Ansatz gemäß Fig. 10. Stäbe über 800—900 mm Länge kommen nur ausnahmsweise vor. Da sich dieselben leicht krumm ziehen, so ordnet man bei größerer Rostlänge zwei oder mehr Lagen von Stäben hintereinander an. Nur bei Schrägrosten werden Längen bis 1800 mm angewendet.

Die Stärke δ der Stäbe ist verschieden, je nach der Korngröße des Brennstoffs. Für feinkörnige und wenig backende Brennstoffe muß man zur Vermeidung eines zu starken Rostdurchfalls eine geringere Spaltweite s und dünnere Roststäbe wählen. Man bekommt so eine größere Zahl von Spalten und damit eine genügend große freie Rostfläche. Für feinkörniges Brennmaterial sind schon deshalb dünnere Stäbe notwendig, damit die Luftzufuhr möglichst fein zerteilt wird, bzw. möglichst gleichmäßig ist. Andererseits ist für grobkörnige Brennstoffe und vor allem solche mit fließender Schlacke eine größere Spaltweite zu wählen, weshalb man hier auch eine größere Roststabdicke anwenden kann. Man wird jedoch auch hier bestrebt sein, die Stabdicke möglichst gering zu halten, um eine große freie Rostfläche zu bekommen. Als ungefährer Anhaltspunkt können etwa die folgenden Angaben dienen:

	Backende Steinkohle mit fließender Schlacke	Steinkohlen ohne fließende Schlacke und Braunkohlen	Kohlengrus, Koksgrus, Lohe, Sägespäne
Spaltweite s .	8—12 mm	4—7 mm	3—4 mm
Stabdicke δ .	12—20 mm	8—12 mm	6—9 mm
Stablänge l .	500—900 mm	300—650 mm	250—400 mm

Für die Zugverhältnisse sind enge Spalten ungünstiger als weite, da naturgemäß der Widerstand, welchen der Rost dem Durchgang der Luft entgegensetzt, mit der Zahl der Roststäbe wächst. Dies ist gegebenenfalls bei knappem Schornsteinzug zu berücksichtigen.

Die Höhe h des Roststabs ist verschieden, je nach der Länge l desselben und je nachdem man schlackende Kohle hat oder nicht. Bei starker Schlackenbildung muß der Rost häufig gereinigt werden. Da er hierbei kräftige Stöße und Schläge mit dem Schüreisen aufzunehmen hat, so muß er höher sein, als bei nichtschlackender Kohle. Man mache die Höhe h des Roststabs mindestens gleich $^1/_5$—$^1/_7$ seiner Länge l. Die Höhe des Stabs soll schon mit Rücksicht auf die Vorwärmung der Luft möglichst groß gewählt werden. Eine große Stabhöhe begünstigt zudem die Haltbarkeit des Stabs[1]).

[1]) Vgl. S. 45.

Es empfiehlt sich, die Stäbe auf ihrer ganzen Länge gleich hoch zu machen, da alsdann die Verteilung und Vorwärmung der Luft gleichmäßiger ausfällt, als wenn der Stab beiderseits verjüngt wird, wie dies in den Fig. 9 u. 10 der Fall ist. Auch ist bei gleicher Stabhöhe die Stabilität des Stabes infolge der tieferen Schwerpunktslage eine bessere.

Die untere Stärke δ_1 des Roststabes ist etwas geringer als diejenige in der Brennbahn, damit Verstopfungen der Rostspalten möglichst vermieden werden.

Wenn die Auflager der Stäbe gemäß Fig. 9 ausgebildet sind, so muß man an jedem Ende einen Spielraum von

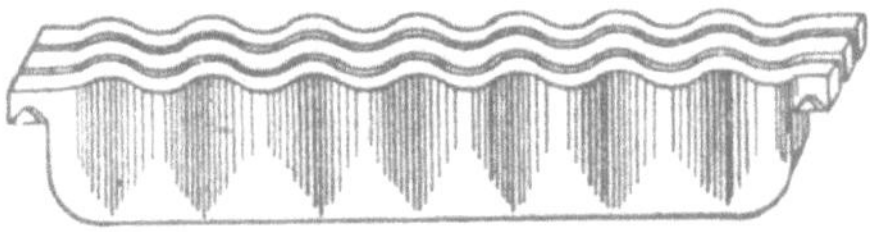

Fig. 11. Schlangenroststab.

$^1/_{50}\,l$ vorsehen, damit sich der Stab frei ausdehnen kann. In Fig. 10 ist jeder Stab an dem einen Ende fest gelagert; die Ausdehnung kann nur nach dem anderen Ende mit abgeschrägtem Kopf stattfinden. Diese Anordnung ist besonders für Brennstoffe, welche flüssige Schlacke absondern, vorzuziehen. Im Falle der Fig. 9 können nämlich die Spielräume leicht durch Schlacke und Asche verstopft werden, so daß die freie Ausdehnung des Roststabs verhindert wird. Die Folge ist ein Krummziehen des Stabes.

Der Schlangenroststab Fig. 11 zeigt eine gewundene Form. Er hat gegenüber dem geraden Stab den Vorteil, daß er sich weniger leicht krumm zieht. Auch besitzt er bei gleicher Spaltweite eine größere freie Rostfläche als der gerade Roststab. Dagegen ist er bei schlackender

Kohle schwerer zu reinigen als der letztere[1]). Die Abmessungen des Schlangenroststabs entsprechen im übri gen etwa denjenigen des geraden Gußstabs.

Der Polygonstab (Fig. 12) ist, ebenso wie auch der sog. Sparstab, aus dem Bestreben hervorgegangen, durch Anordnung von Querspalten die Luft möglichst gleichmäßig über die Rostfläche zu verteilen. Die Brennbahn des Polygonstabs besteht aus schrägstehenden Quadraten. Der Vorzug der Polygonstäbe liegt in ihrer verhältnismäßig großen freien Rostfläche. Sie eignen sich deshalb insbesondere dort, wo mit Rücksicht auf die geringe

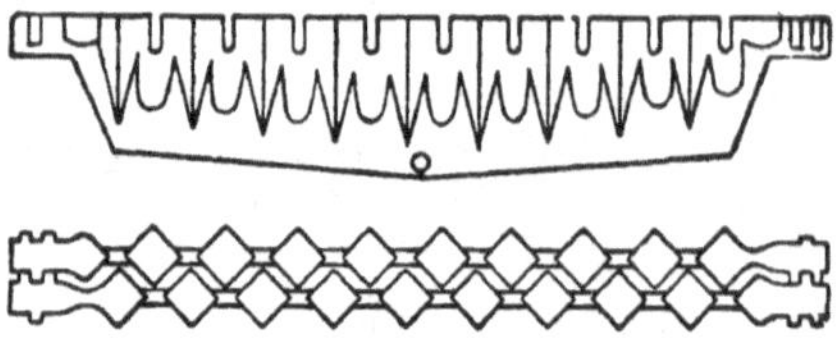

Fig. 12. Polygonroststab.

Korngröße des Brennstoffs enge Rostspalten erforderlich sind. Da jedoch das Abschlacken der Polygonroste große Schwierigkeiten macht, so können sie nur für Kohlen verwendet werden, welche wenig oder gar keine flüssigen Schlacken, sondern höchstens Kuchen bilden[1]).

Der Bündelroststab (Fig. 13) besteht aus 2—5 glatten flußeisernen Stäben, welche mit entsprechenden Zwischenlagen zusammengenietet sind. Da die einzelnen Stäbe geringe Stärke besitzen, so wird der Bündelroststab (an Stelle des früher üblichen Mehlschen Stabs) insbesondere

[1]) Durch Einstellung eines genügend starken Zugs kann zwar der Verstopfung der Rostspalten durch Schlacken entgegengewirkt werden. Jedoch ist dies nur möglich, wenn der Kessel ausreichend beansprucht ist.

für feinkörnige Brennstoffe, welche enge Rostspalten verlangen, verwendet. Für Kohlensorten jedoch, welche stark schlacken und schwefelhaltig sind, erweist sich der gußeiserne Roststab als wesentlich haltbarer.

Es gibt noch eine große Zahl von Roststäben, deren Anwendung mehr oder weniger persönliche Liebhaberei des einzelnen ist. Jede Firma empfiehlt ihren Roststab als den vorteilhaftesten. Demgegenüber ist festzustellen, daß in den meisten Fällen der gewöhnliche gerade Gußeisenroststab vorzuziehen ist. Die Brennstoffersparnisse, welche für gewisse Roststäbe garantiert werden, stehen mehr oder weniger nur auf dem Papier und sind höch-

Fig. 13. Bündelroststab (Schmiedeeisen).

stens dort vorhanden, wo die Rostkonstruktion vorher eine mangelhafte war.

Der tiefere Grund, weshalb der einfache gerade Roststab häufig als minderwertig bezeichnet wird, ist wohl in der Hauptsache darin zu suchen, daß seine Fabrikation und sein Verkauf weniger Verdienst abwerfen.

Als durchaus verfehlt sind hohle Roststäbe mit besonderer Luft- oder Wasserkühlung zu bezeichnen. Denn die Kühlung des gewöhnlichen geraden Roststabs ist im allgemeinen vollkommen ausreichend, wenn derselbe nur genügend hoch gemacht wird[1]). Eine große Stabhöhe ist aber gemäß oben schon mit Rücksicht auf eine gute Vorwärmung der Luft erwünscht. Wenn allerdings die

[1]) Ungenügende Kühlung kann hier nur dann eintreten, wenn die Brenngeschwindigkeit bzw. der Zug stark verringert werden. Die Hitze wirkt dann zurück und bringt die Roststäbe unter Umständen zum Ausglühen.

Stabhöhe zu gering gewählt wird, ist ein baldiges Verbrennen des Roststabs unvermeidlich.

Zwar ist es richtig, daß ein durch Wasser gekühlter Roststab sehr haltbar ist und daß an demselben die Schlakke nicht festbrennt, daß infolgedessen bei sehr schlackenreichem Brennstoff das Abschlacken wesentlich erleichtert und abgekürzt wird. Jedoch vermag dieser Vorteil die durch die Wasserkühlung bedingte Komplikation und Verteuerung der Feuerungsanlage nicht auszugleichen. Zudem tritt bei hartem Wasser leicht ein Kesselsteinansatz ein.

Wenn es sich um die Verfeuerung stark schlackender Kohle handelt, bei welcher die natürliche Luftkühlung nicht mehr ausreicht, so kann man sich dadurch helfen, daß man Wasser in den Aschfall einführt, oder daß man unter bzw. in dem Rost eine Dampfbrause anordnet. Die dadurch bewirkte Rostkühlung hat zur Folge, daß die Schlacken weniger auf dem Rost festbrennen und leichter entfernt werden können, d. h. daß die Feuerbedienung erleichtert wird. Der Dampfverbrauch der Brausen soll ca. 1% des erzeugten Dampfes betragen.

3. Bedienung des Planrostes.

Der Brennstoff ist in gleichmäßigen, nicht zu langen Zwischenräumen aufzuwerfen. Die Feuertür ist rasch wieder zu schließen, damit möglichst wenig kalte Luft eingesaugt wird. Das Einsaugen von Luft bedingt nämlich eine Abkühlung des Feuerraums, welche in verschiedenen Richtungen nachteilig wirkt. Einmal wird hierdurch die Temperatur im Verbrennungsraum herabgesetzt, so daß leicht unverbrannte Gase entstehen. Weiterhin sind die Temperaturschwankungen im Feuerraum schädlich für die Kesselnietungen. Und endlich ist zu berücksichtigen, daß die einströmende Luft eine Erhöhung des Luftüberschusses bzw. des Schornsteinverlustes zur Folge hat[1]).

Es wird deshalb häufig empfohlen, beim Aufwerfen frischen Brennstoffs den Zug zu verringern. Im praktischen Betrieb geschieht dies jedoch nie. Wenn das Beschicken mit der nötigen Raschheit erfolgt, sind tatsächlich auch die Verluste durch eingesaugte Luft nicht so bedeutend.

Der frische Brennstoff wird in der Regel gleichmäßig über den Rost gestreut. Bisweilen jedoch wird er nur vorn aufgegeben, nachdem die glühenden Teile vorher mit Hilfe einer Krücke nach hinten geschoben wurden. Die zweite Beschickungsart ist aber nur dort angebracht, wo die Gase nach hinten über die Feuerbrücke hinwegziehen müssen. Sie ergibt bei richtiger Handhabung, und diese setzt eine besondere Aufmerksamkeit und Übung des Heizers voraus, eine rauchschwache Verbrennung, indem die Schwelgase des frisch aufgeworfenen Brennstoffs über die hintere glühende Brennstoffschicht hinwegstreichen und so verbrennen müssen.

In dem Maße, in welchem das Feuer tiefer brennt, wird die Brennstoffschicht auf dem Rost niederer. Da aber die niedrigere Schicht der durchstreichenden Luft weniger Widerstand entgegensetzt, die Zugwirkung des Schornsteins aber dieselbe bleibt, so wird mehr Luft in den Verbrennungsraum gesaugt als zur vollständigen Verbrennung nötig ist. Die Folge davon ist ein Sinken der Verbrennungstemperatur.

Kurz nach dem Aufwerfen frischen Brennstoffs ist gewöhnlich die stärkste Rauchbildung vorhanden. Dies ist darauf zurückzuführen, daß die Verbrennungstempe-

[1]) Vgl. S. 88.

ratur durch Aufwerfen kalten Brennstoffs sowie durch die Wärmeausstrahlung und das Einsaugen kalter Luft beim Beschicken herabgesetzt wird und daß eine lebhafte Entgasung des Brennstoffs sowie eine Verdampfung des eingeschlossenen Wassers stattfindet, wodurch ebenfalls Wärme absorbiert wird. Hierzu kommt noch, daß infolge der höheren Brennstoffschicht die Luft schwerer angesaugt wird. Die Folge der geschilderten Verhältnisse ist, daß ein mehr oder weniger großer Teil der Schwelgase nicht verbrennt und zu einer Rußbildung bzw. einem Rauchen des Schornsteins Veranlassung gibt.

Damit es nach der Beschickung nicht an Luft fehlt, müßte der Rauchschieber entsprechend weit geöffnet werden. Gegebenenfalls wäre noch durch die Öffnungen in der Feuertür Oberluft einzulassen. In dem Maße, in welchem die Entgasung vorschreitet und die Brennstoffschicht niederbrennt, müßten dann die Schieber wieder geschlossen werden. In der Praxis geschieht dies jedoch fast nie. Man begnügt sich vielmehr mit einer mittleren Einstellung des Rauchschiebers und des Schiebers für die Oberluft[1]).

Die Feuerungsverhältnisse gestalten sich um so ungünstiger, je seltener die Beschickung erfolgt. Denn je seltener beschickt wird, desto größere Brennstoffmengen müssen aufgeworfen werden und desto stärker ist die Gasentwicklung und die Abkühlung des Verbrennungsraums. Es ist deshalb zu tadeln, wenn das Heizpersonal aus Gründen der Bequemlichkeit die glühende Brennstoffschicht zu weit herunterbrennen läßt.

---

[1]) Für den Heizer wäre es sehr schwierig, jeweils die richtigen Schieberstellungen zu finden, und zudem würde das fortwährende Verstellen den Heizer zu sehr in Anspruch nehmen.

Das Schüren und Schlacken des Feuers soll möglichst selten und rasch vorgenommen werden, da es immer mit einer Wärmeausstrahlung und mit einem Einsaugen falscher Luft verbunden ist. Bei mehrteiligen Feuerungen soll immer nur eine Rostabteilung abgeschlackt werden, bei einteiligem Rost hingegen wird zunächst die eine Hälfte abgeschlackt und die andere erst dann, wenn der Brennstoff auf der abgeschlackten Seite wieder in voller Glut ist. Zu verlangen ist, daß beim Abschlacken der Rauchschieber so weit geschlossen wird, daß ein Zurückschlagen der Flamme gerade noch verhindert wird. Wenn man bei offenem Schieber abschlacken wollte, so würde zu viel kalte Luft eingesaugt.

Nicht zuletzt ist noch darauf zu achten, daß der Rost an allen Stellen gleich hoch belegt ist. Bei unachtsamer Bedienung kommt es vor, insbesondere wenn mit geringer Schichthöhe gearbeitet wird, daß der Brennstoff an manchen Stellen zu hoch liegt, während er an anderen Stellen so dünn liegt, daß förmliche Löcher vorhanden sind. Durch diese Löcher strömt dann falsche Luft ein, welche den Schornsteinverlust erhöht[1]).

Bei zu großer Schichthöhe kann es bei ungenügendem Zug vorkommen, daß Gase entstehen, die nicht verbrannt und abgeführt werden. Öffnet dann der Heizer die Tür, so schlagen unter Umständen die Flammen explosionsartig nach vorn heraus (weil jetzt Luft zutreten kann) und verbrennen den Heizer. Literatur über Gasexplosionen findet sich z. B. in der Zeitschr. des. Bayer. Revisionsvereins 1917, S. 79.

Der Heizer sollte im übrigen stets vom Maschinenhaus aus benachrichtigt werden, wenn größere Kraftschwankungen bevorstehen. Sonst kann z. B. folgendes passie-

[1]) Vgl. auch die Ausführungen S. 88.

ren: Tritt eine größere Entlastung ein, so merkt dies der Heizer erst an dem Steigen seiner Dampfspannung. Ein zu starkes Schließen des Rauchschiebers kann dann die Folge haben, daß der Rost durch die von der Brennschicht zurückgestrahlte Wärme verbrannt oder verschmort wird. Bei richtigem Betrieb sollte deshalb der Zug nie ganz abgestellt werden. Steht eine größere Entlastung bevor, so muß der Heizer seine Spannung teils durch Drosseln des Zugs, teils durch kräftiges Speisen usw. etwas herunterarbeiten. Kommt dann die Entlastung, so geht die Spannung wieder auf ihre normale Höhe hinauf. Ein Absperren des Zugs ist dann nicht mehr notwendig, weil inzwischen auch die Brennstoffzufuhr verringert wurde.

4. Regelung des Zugs.

Da bei der Anstellung von Heizern meist viel zu wenig Gewicht auf Tüchtigkeit und Pflichttreue gelegt wird, so kommt es, daß die Bedienung der Feuerungen häufig nicht mit derjenigen Sorgfalt und Sachkenntnis erfolgt, welche im Interesse eines wirtschaftlichen Betriebs notwendig wäre. Um sich in dieser Beziehung von der Aufmerksamkeit und der Sachkenntnis des Heizpersonals unabhängig zu machen, hat man eine Reihe von Zugreglern geschaffen, welche zum Teil automatisch wirken. Alle diese Vorrichtungen arbeiten jedoch mehr oder weniger nur unter bestimmten Voraussetzungen richtig. Bei wechselndem Brennstoff und bei schwankender Beanspruchung der Feuerung müssen dieselben immer wieder eingestellt werden. Dieses Einstellen aber führt der Heizer meist nicht mit dem richtigen Verständnis aus. Wenn aber die Überwachung des Reglers keine sorgfältige und sachverständige ist, so vermag auch der beste Regler seinen Zweck nicht zu erfüllen. Die Anstellung eines tüchtigen Heizers ist deshalb derartigen Regelvorrichtungen stets vorzuziehen.

Feuerungen mit geneigtem Rost.

1. Allgemeines.

Der Rost liegt hier unter einem Winkel zur Horizontalen, welcher dem Böschungswinkel des Brennstoffs ent-

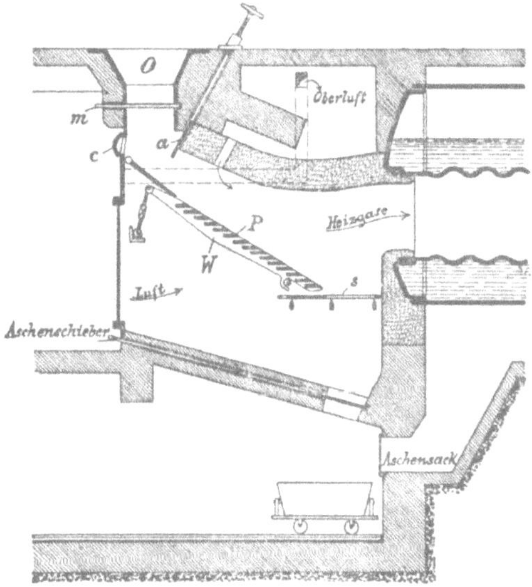

Fig. 14. Treppenrost-Vorfeuerung (Schüttfeuerung) für einen Flammrohrkessel.

spricht. Er beträgt je nach Art und Beschaffenheit des Brennstoffs 30—50° und ist meist verstellbar. Der Brennstoff wird am oberen Ende des Rostes durch einen Schütttrichter *O* (Fig. 14) aufgegeben und gleitet selbsttätig nach unten. Man bezeichnet deshalb diese Feuerungen auch als Schüttfeuerungen. Speziell für sehr hochwertige Brennstoffe wird an Stelle des Schüttrichters meist ein sog. Schürhals (Fig. 15) vorgezogen.

Die Vorzüge der Feuerungen mit geneigtem Rost bestehen außer der ununterbrochenen Brennstoffzufuhr darin, daß beim Abschlacken keine falsche Luft eingesaugt wird und daß der Rost bequem von unten her übersehen werden kann. Außerdem haben diese Feuerungen, wie weiter unten dargelegt wird, den Vorteil, daß sie leicht reguliert werden können.

Die Neigung des Rostes darf nicht zu klein sein, da sonst das Nachrutschen des Brennstoffs beeinträchtigt wird. Andererseits jedoch darf die Neigung auch nicht zu groß werden, da sich sonst der Brennstoff überstürzt. Man kann den Neigungswinkel für Torf, Sägespäne und Stückkoks zu etwa 30°, für Braunkohle zu ca. 35° und für Steinkohle zu 40—45° annehmen. Am besten wird der Neigungswinkel durch den Versuch bestimmt.

Der Verbrennungsvorgang ist beim geneigten Rost in seinem Verlauf geradezu ideal. Der frische Brennstoff wird oben aufgegeben, bewegt sich langsam nach unten und wird hierbei zunächst erwärmt, getrocknet und entgast. Bei weiterer Abwärtsbewegung kommt der Brennstoff allmählich zur Entzündung und Verbrennung, bis er am unteren Ende als Asche und Schlacke anlangt. Die hauptsächlichste Verbrennung findet sonach auf der unteren Rosthälfte statt, während oben in erster Linie die Entgasung vor sich geht.

Die sich oben bildenden Gase werden durch Schamottegewölbe u. dgl. gezwungen, nach unten durch das hellbrennende Feuer zu streichen und hierbei zu verbrennen, oder es werden, wie bei der Tenbrink-Feuerung, die heißen

Gase der unteren Rosthälfte nach oben über den frischen Brennstoff hinweggeführt.

Die Schlacken rutschen mit dem Brennstoff nach abwärts und werden unten abgezogen. Den unteren Abschluß des Rostes können die Verbrennungsrückstände oder ein als Planrost ausgestalteter Schlackenrost *s* (Fig. 14) von ca. 500 mm Länge bilden. Letzterer ermöglicht ein besseres Ausbrennen der Rückstände. Er ist meist beweglich als Schub- oder Kipprost ausgebildet. Bisweilen werden auch Doppelschieber angewendet, um zu verhüten, daß zuviel Asche bzw. Kohle durchfällt. Man zieht hierbei zuerst den oberen Schieber, den eigentlichen Schlackenrost, und dann den unteren Schieber, welch letzterer aus einer einfachen eisernen Platte besteht.

Bei richtiger Konstruktion der Feuerung kann man unschwer eine rauchschwache Verbrennung erzielen, um so mehr als hier die Einstellung der Oberluft bequemer durchzuführen ist als bei Planrostfeuerungen mit Handbeschickung[1]). Oberluft ist für geneigte Roste in der Regel notwendig, da hierfür nur gasreiche, leicht entzündliche Brennstoffe in Betracht kommen. Der Gehalt an flüchtigen Bestandteilen sollte hier nicht unter 12—15% betragen. Für magere Kohlen eignet sich der geneigte Rost nicht, da dieselben zu schwer anbrennen. Magerkohlen müssen entweder auf das Feuer aufgeworfen oder von unten in das Feuer eingeschoben werden, wie bei der Underfeed-Feuerung.

Von Wichtigkeit für einen rauchschwachen und wirtschaftlichen Betrieb ist ein gleichmäßiges Abwärtsgleiten des Brennstoffs samt den Schlacken. Da dies bei ungeeignetem oder wechselndem Brennstoff nicht immer

[1]) Wichtig ist, daß die Zuführung der Oberluft am oberen Ende des Rostes bzw. noch im Gewölbe stattfindet. Vgl. Fig. 14 sowie Fig. 34.

der Fall ist, so muß Vorkehrung getroffen werden, daß von oben her ein Schüreisen eingeführt werden kann. Bei Rosten mit Schüttrichter ist zu diesem Zweck unterhalb des letzteren eine durch Klappe *c* (Fig. 14) verschließbare Schüröffnung vorzusehen. Bei Rosten mit Schürhals kann das Schüren durch den letzteren stattfinden. Das Schüren ist jedoch bei geneigten Rosten immer nur ein Notbehelf und muß sehr vorsichtig erfolgen, damit kein Überstürzen des Brennstoffs eintritt. Bei geeignetem Brennstoff und bei richtiger Bedienung findet das Nachrutschen von selbst statt, ohne daß ein Schüren bzw. Abgleichen nötig wäre.

Die Feuerungen mit geneigtem Rost lassen sich sehr gut regulieren, vorausgesetzt, daß die Belastungsschwankungen nicht allzu groß sind[1]). Man hat in der Hauptsache nur den Zug (und die Sekundärluft) zu verändern. Je stärker der Zug, desto rascher erfolgt die Verbrennung und desto rascher rutscht der frische Brennstoff nach. In der Regel kann noch die Eintrittsweite bzw. die Brennschichthöhe, je nach der verwendeten Kohlensorte und dem gewünschten Forcierungsgrad verstellt werden. Bei geringen Belastungsänderungen genügt jedoch die Verstellung des Rauchschiebers.

Die geneigten Roste zerfallen in die eigentlichen Schrägroste und in Treppenroste. Die ersteren sind nichts anderes als schräggestellte Planroste. Die letzteren hingegen bestehen aus einer Anzahl von Platten, welche nach Art von Treppenstufen horizontal oder wenig geneigt übereinander angeordnet und in seitlich und in der Mitte angebrachten Wangen gelagert sind.

---

[1]) Vielfach begegnet man in Fachkreisen dem Vorurteil, daß sich geneigte Roste, insbesondere Schrägroste, schlecht regulieren bzw. einem wechselnden Wärmebedarf nur schwer anpassen lassen.

2. Schrägrostfeuerungen.

Die Schrägrostfeuerung kommt im großen und ganzen verhältnismäßig wenig zur Anwendung. Sie wird hauptsächlich für hochwertige Brennstoffe angewendet. Man führt sie entweder als Innenfeuerung gemäß Fig. 15 u. 16 aus oder als Unterfeuerung gemäß Fig. 22. Werden hochwertige Brennstoffe verfeuert, so lege man bei letzterer Anordnung stets Heizflächen in den Feuerraum, um die Temperatur in demselben und damit auch die Strahlungsverluste zu verringern. Die Feuerungen nach Fig. 16 werden auch als Tenbrink-Feuerungen bezeichnet. Die Flamme ist hier gezwungen, nach rückwärts über den in der Entgasung begriffenen Brennstoff hinwegzustreichen. Es findet infolgedessen bei dieser Art von Feuerungen eine sehr gute Rauchverbrennung statt.

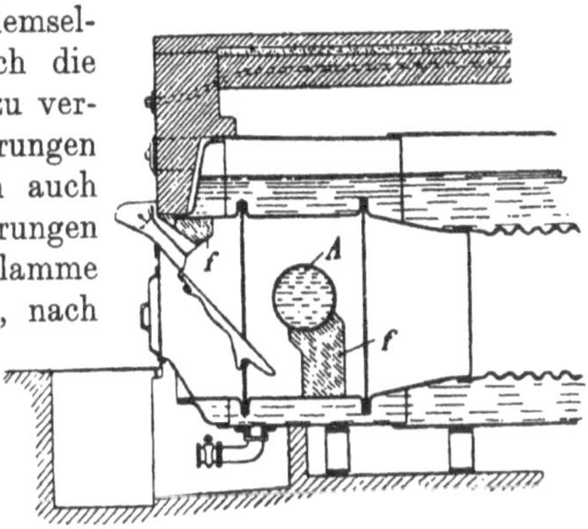

Fig. 15. Kuhnsche Schrägrost-Innenfeuerung mit erweitertem Flammrohr und Quersieder.

Bei minderwertigen Brennstoffen, wie Braunkohle, Torf, Lohe usw., wird die Feuerung nach Art einer Vorfeuerung (Fig. 22) ausgebildet[1]). Für diese Brennstoffe erweist sich jedoch in der Regel ein Treppenrost als zweckmäßiger. Für feinkörnige und staubförmige Brennstoffe ist ein Treppenrost auf jeden Fall vorzuziehen. Für Holzspäne und Holzabfälle hingegen ist der Schrägrost unter Umständen besser geeignet als der Treppenrost.

[1]) Vgl. auch S. 27.

Am besten eignen sich für Schrägroste Fettkohlen von gleichmäßiger, nicht zu kleiner Korngröße, welche nicht oder nur wenig backen und schlacken. Bei schlackenreichen Kohlen empfiehlt sich die Anwendung einer Rostbrause[1]). Wo eine solche nicht beliebt wird, muß man des öfteren mit dem sog. Schwert an den dunkel erscheinenden

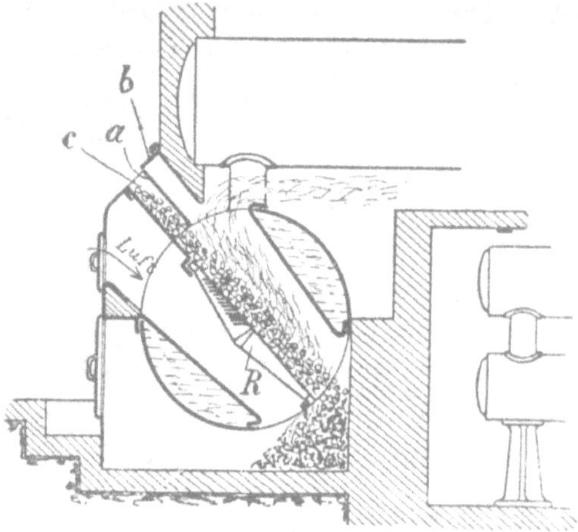

Fig. 16. Tenbrink-Feuerung

Stellen des Rostes zwischen die Roststäbe fahren und die Schlacken von den letzteren abdrücken, damit sie samt dem Brennstoff nach abwärts gleiten. Das Abstoßen der Schlacken muß jedoch sehr sorgfältig geschehen, ohne die Kohlenschicht zu durchstoßen, damit kein Überstürzen des Brennstoffs eintritt. Es erfordert deshalb einige Aufmerksamkeit und Übung seitens des Heizers.

Die Roststäbe werden beim Schrägrost oben meist etwas stärker ausgeführt als unten und sind zudem am

[1]) Vgl. S. 46.

oberen Ende mit seitlichen Rippen versehen, beides zu dem Zweck, daß feinere Brennstoffteile am Durchfallen verhindert werden[1]). Weiter unten, wo die Kohle mehr zusammengebacken ist, sind die Rippen nicht mehr notwendig. Auch kann hier die Spaltweite größer sein. Eine größere Spaltweite am unteren Rostende ist schon deshalb erforderlich, weil hier mit Rücksicht auf die höhere Brennstoffschicht eine größere Luftzufuhr notwendig ist. Am oberen Ende braucht die Luftzufuhr an sich nicht so groß zu sein, da hier der Brennstoff hauptsächlich entgast werden soll.

Ein Übelstand bei Schrägrosten besteht in dem leichten Abbrennen der unteren Stabenden bei Verwendung hochwertiger Brennstoffe. Der Heizer darf deshalb die Schlacken nur sehr vorsichtig und in solchem Maße vorziehen, daß die Stabenden noch genügend tief in kalten Schlacken stecken.

Schrägrostfeuerungen, bei denen am oberen Ende ein größerer Raum zum Entgasen des Brennstoffs geschaffen ist, nennt man auch Halbgas- oder Füllfeuerungen.

3. Treppenrostfeuerungen.

Der Treppenrost (Fig. 14) kommt nur für Vor- und Unterfeuerungen in Betracht, für Innenfeuerungen dagegen schon deshalb nicht, weil er sich in Flammrohren und Feuerbüchsen nicht unterbringen läßt[2]). Eine nach dem Prinzip der Vorfeuerung konstruierte Feuerung ist für Treppenroste schon aus dem Grund am geeignetsten, weil es sich hier um die Verfeuerung minderwertigen

---

[1]) Ein Nachteil dieser Rippen besteht darin, daß etwa sich ansetzende Asche oder Schlacke schwer entfernt werden kann. Man wendet deshalb die Rippen häufig nur dann an, wenn ganz feine Kohle verbrannt wird.

[2]) Soll der Treppenrost für Flammrohrkessel angewendet werden, so ist dies nur in Form einer Vorfeuerung möglich. Bei Lokomobilen ist letztere fahrbar anzuordnen (wegen des Ausziehens des Rohrbündels).

Brennmaterials handelt und der Feuerraum deshalb nicht durch Heizflächen begrenzt sein darf. Hochwertige Brennstoffe empfehlen sich für Treppenroste nicht, da hierbei die Stufen sowie auch die Gewölbe zu rasch verbrennen.

Für geringwertige und wasserreiche Brennstoffe[1]) bedarf es Feuerungskonstruktionen, bei denen auf genügend große freie Rostfläche und auf ein möglichst gutes Vortrocknen des Brennstoffs Rücksicht genommen wird. Diese beiden Bedingungen erfüllt der Treppenrost. Dabei hat er noch den Vorteil, daß ein Durchfallen des Brennstoffs auch bei grusförmiger und staubförmiger Beschaffenheit desselben vermieden wird. Er eignet sich daher auch für Staubkohlen, Koksgrieß, Sägemehl bzw. Sägespäne, Lohe usw. Auch Kohlenschlamm, wie er in den Kohlenwäschen anfällt, kann auf Treppenrosten verfeuert werden, sofern man es nicht vorzieht, ihn zu brikettieren.

Die Rostplatten *P* sind seitlich in den sog. Rostwangen *W* gelagert. Die Länge der Rostplatten soll für gewöhnlich nicht mehr als ca. 500 mm betragen. Größere Platten biegen sich bei der Erwärmung leicht durch, sofern man sie nicht entsprechend stark ausführt. Die Breite der Platten ist so reichlich zu wählen, daß kein Brennstoff durchfallen kann.

Wo es sich um die Verfeuerung von besseren kleinkörnigen Kohlen handelt, sind Schrägroststäbe mit oberen seitlichen Rippen vorzuziehen[2]). Schrägroststäbe empfehlen sich auch dort, wo es sich um die Verfeuerung von großstückiger Kohle oder von Braunkohlenbriketts handelt. Wollte man diese Brennmaterialien auf dem Treppenrost verfeuern, so würde sich mit Rücksicht auf

---

[1]) wie z. B. lignitische Braunkohlen, Torf, Holzabfälle usw.

[2]) Vgl. S. 57.

die große Spaltweite des letzteren ein zu hoher Luftüberschuß ergeben.

Eine besondere Ausführungsform des Treppenrostes ist der Münchener Stufenrost, wie er z. B. bei dem Wasserrohrkessel (Fig. 34) angewendet ist[1]). Die Eigentümlichkeit dieses Rostes besteht darin, daß die Stufen nicht horizontal sind, sondern verschiedene Neigung besitzen, so daß sämtliche Rostspalten von einem Punkt aus übersehen werden können. Die Neigung der Stufen hat gleichzeitig den Vorteil, daß die Schlacke leichter rutscht und die Gefahr von Stauungen verringert wird. Der Schlackenrost ist in Fig. 34 als Kipprost ausgebildet, welcher sich beim Zurückstoßen der Stützen nach vorwärts neigt und durch Vorziehen der letzteren nach dem Entleeren wieder in die ursprüngliche Lage gebracht wird.

Mechanische Feuerungen.

1. Allgemeines.

Die mechanischen Feuerungen zerfallen in solche mit festem und solche mit bewegtem Rost. Bei den ersteren wird die Kohle gleichmäßig über die Rostfläche gestreut, während sich bei den letzteren der Brennstoff allmählich mit fortschreitender Verbrennung samt dem Rost vorwärtsbewegt.

Bei einer dritten Art von mechanischen Feuerungen wird der Brennstoff von unten her zugeführt. Hierher gehören die Unterschubfeuerung und andere. Auf diese Feuerungen kann jedoch, ihrer verhältnismäßig geringen Verbreitung wegen, hier nicht eingegangen werden. Aus demselben Grunde können auch die Kohlenstaubfeue-

---

[1]) Der Münchener Stufenrost ist von der Heizversuchsstation München speziell für oberbayerische Klarkohle ausgebildet worden, eignet sich jedoch mit geringen Abänderungen auch für andere Braunkohlen.

rungen, die ebenfalls zu den mechanischen Feuerungen zu rechnen sind, hier nicht besprochen werden.

Die Feuerungen für flüssige und gasförmige Brennstoffe gehören auch zu den mechanischen Feuerungen. Ihre Besprechung erfolgt gesondert im nächsten Abschnitt.

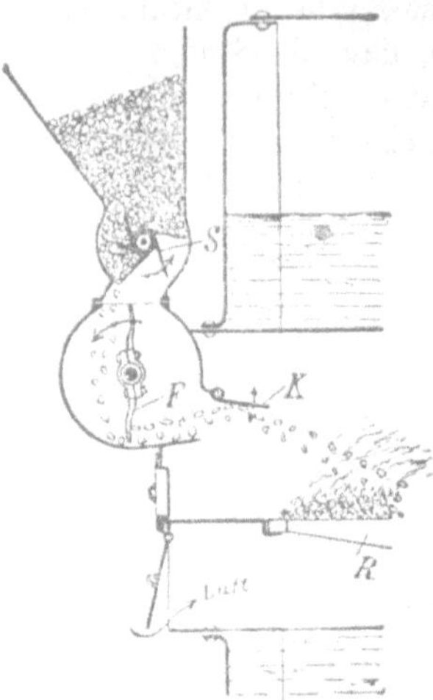

Fig. 17. Mechanischer Rostbeschicker mit Wurfrädern (System Leach).

Die mechanischen Feuerungen führen sich in neuerer Zeit immer mehr ein. Sie haben es heute zu großer Einfachheit und Betriebssicherheit gebracht. Ihr Vorteil gegenüber den Handfeuerungen liegt in der stetigen und gleichmäßigen Beschickung des Rostes bei geschlossener Feuertür. Man hat im Feuerraum stets eine gleichmäßig hohe Temperatur bei geringstem Luftüberschuß. Während man bei Handfeuerungen unter normalen Betriebsverhältnissen nur 8—9% Kohlensäure in den Abgasen hat, kann man bei mechanischen Feuerungen durchschnittlich auf Werte von 10—12% kommen. Man erreicht deshalb mit mechanischen Feuerungen im normalen Betrieb einen kleineren Schornsteinverlust sowie auch einen kleineren Verlust durch unverbrannte Gase als bei Handfeuerungen. Letzteres deshalb, weil bei der gleichmäßig hohen Verbrennungstemperatur eine sichere Entzündung der flüchtigen Bestandteile stattfindet und weil die Regelung der Luft eine einfachere ist als bei Handbeschickung. Man arbeitet also nahezu rauchfrei. Aus diesen Gründen kommt man bei mechanischen Feuerungen auf bessere Wirkungsgrade als bei Handfeuerungen[1]).

Da bei mechanischer Beschickung die Feuertüren selten geöffnet werden, bleiben auch die Kessel mehr geschont bzw. besser dicht als bei Handfeuerung[2]). Ein weiterer Vorteil der mechanischen Feuerungen besteht in der Entlastung des Heizpersonals. Man kann mit zwei Heizern bis zu zehn Feuerungen bedienen. Jedoch ist nicht außer acht zu lassen, daß zur Überwachung und Regulierung der mechanischen Feuerungen, insbesondere bei stark schwankendem Betrieb, ein intelligenter Heizer erforderlich ist. Wird eine mechanische Feuerung nicht gut instand gehalten und richtig eingestellt, so ergibt sie unter Umständen einen schlechteren Wirkungsgrad als eine Handfeuerung.

2. Feuerungen mit festem Rost.

Diese Art von Feuerungen ist heute sehr zahlreich vertreten. Es ist hier dem Feuerraum ein Rostbeschickungsapparat vorgebaut, welcher den Brennstoff automatisch zuführt. Man unterscheidet hierbei Apparate mit Wurfrädern und solche mit Wurfschaufeln.

Bei der in Fig. 17 dargestellten Feuerung von Leach sind Wurfräder angewendet. Der Brennstoff gelangt von dem Fülltrichter nach der sich langsam drehenden Speise-

---

[1]) Bei aufmerksamer und sachgemäßer Bedienung ergibt die Handfeuerung dieselbe Brennstoffausnutzung wie die mechanische Feuerung. Dies beweisen die Ergebnisse bei Abnahmeversuchen. Die Verbesserung des Wirkungsgrades durch mechanische Feuerungen wird häufig überschätzt. Da die Belastung für gewöhnlich eine schwankende ist, der Heizer aber bei mechanischer Feuerung nicht immer nachstellt (er ist bei mechanischer Beschickung nachlässiger), so beträgt die Verbesserung der Wärmeausnützung nicht mehr als 3—5% im Betrieb. Viel wichtiger ist die Ersparnis an Bedienungspersonal.

[2]) Plötzliche Abkühlungen während des Betriebes durch eintretende kalte Luft können unter Umständen Undichtheiten an Nietnähten hervorrufen.

walze *S* und fällt von hier aus in das Wurfgehäuse. Durch die Schaufeln *F* des Wurfrads wird der Brennstoff in den Feuerraum geschleudert. Zur Erzielung einer gleichmäßigen Verteilung der Kohle auf dem Rost dient die sich selbsttätig verstellende Prellplatte *K*, auch Wurfweitenregler genannt. Die Veränderung der Kohlenzufuhr bei Belastungsänderungen kann durch Änderung des Vorschubs der Speisewalze geschehen. Die Umdrehungszahl des Wurfrades bleibt bei derselben Kohlensorte unverändert, ebenso auch die Bewegung der Verteilungsklappe *K*.

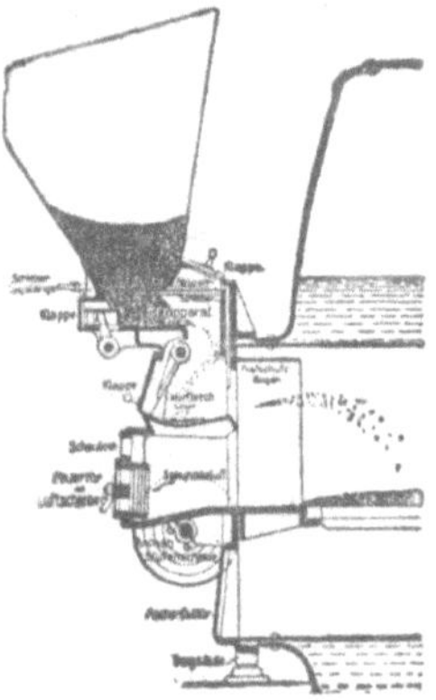

Fig. 18. Mechanischer Rostbeschicker mit Wurfschaufeln (Katapultfeuerung von Topf & Söhne).

Da der Leach-Apparat nur Nußkohlen bis höchstens 30 mm Stückgröße verträgt, so wendet man heute fast ausschließlich Wurfschaufelapparate an. Die letzteren lassen Korngrößen bis 80 mm zu. Man ist deshalb hier weniger vom Brennstoff abhängig als bei Drehschaufeln.

Werden Brennstoffsorten verfeuert, welche neben größeren Stücken auch solche von kleinerem Korn und solche von Grusform enthalten, so muß die Brennstoffschicht öfters abgeglichen bzw. geglättet werden, da die kleineren Brennstoffteile vorwiegend auf den vorderen Teil des Rostes fallen.

Ein Wurfschaufelapparat, wie er von der Firma Topf & Söhne hergestellt wird, ist in Fig. 18 dargestellt. Die Kohle fällt aus dem Einwurftrichter in einen Verteilungskörper mit hin und her gehendem Schieber (Speiseapparat). Letzterer befördert die Kohle in den Wurfkasten.

Die Bewegung der Wurfschaufel erfolgt durch Federn, die durch ein Daumenrad verschieden stark gespannt werden. Je nach der Höhe der Daumen schnellen die Wurfschaufeln stärker oder schwächer vor und erzeugen so eine gleichmäßige Bestreuung der Rostfläche. Durch entsprechendes Spannen der Federn oder durch Verstellen der Daumen bzw. Nocken hat man es in der Hand, die Schnellkraft der Schaufeln dem Gewicht der Kohlen anzupassen. Soll die Feuerung forciert werden, so wird einfach die Tourenzahl des Daumenrades erhöht und der Hub des Verteilungsschiebers entsprechend vergrößert.

Unter der Schaufel befindet sich im Wurfkasten die Schüröffnung mit Feuertür. Letztere dient zum Abschlacken des Rostes sowie für etwaige Handbeschickung beim Fehlen der Antriebskraft.

Bei Wurfschaufelfeuerungen ist zu beachten, daß Änderungen in der Stückgröße des Brennstoffs eine Verstellung der Daumen bzw. Federn erforderlich machen, da sonst keine gleichmäßige Bestreuung der Rostfläche stattfindet. Bei der Leach-Feuerung braucht in solchem Falle nur die Prellplatte *K* verstellt zu werden.

Der Kraftbedarf der Rostbeschicker ist sehr gering. Ein Apparat für einen Zweiflammrohrkessel braucht nur ca. $^1/_2$ PS einschließlich Transmission. Bei Grobkohlen und zum Brechen der Kohlen rechnet man höchstens $^2/_3$ PS. Braunkohlenbriketts, die gebrochen werden müssen, brauchen 1—2 PS.

Um Brennstoffe von ungleicher Stückgröße in Wurffeuerungen verwenden zu können, hat man auch schon einen Kohlenbrecher mit dem Rostbeschicker verbunden. Doch hat man mit dieser Einrichtung keine guten Erfahrungen gemacht. Nachteilig ist hierbei die öftere

Reparaturbedürftigkeit des Kohlenbrechers und die durch denselben verursachte Staubentwicklung.

Auf andere hierher gehörende Feuerungen kann ihrer geringeren Verbreitung wegen hier nicht eingegangen werden.

3. Feuerungen mit bewegtem Rost.

Zu diesen gehört vor allem der Ketten- oder Wanderrost. Der Rost wird hier gemäß Fig. 32 durch ein aus kurzen Roststäben bestehendes endloses Kettenband gebildet. Letzteres bewegt sich ununterbrochen und läuft an den Enden über zwei Trommeln, von denen die vordere außerhalb der Feuerung, die hintere innerhalb derselben liegt. Die Bewegung des Rostes erfolgt durch Antrieb der vorderen Kettentrommel mittels Schneckenradgetriebes, und zwar ruckweise (durch Schalträder) oder kontinuierlich. Der Vorschub des Rostes läßt sich innerhalb weiter Grenzen verändern. Der größte Vorschub beträgt etwa 125 mm pro Minute.

Die Kohle fällt aus einem abstellbaren Kohlentrichter auf den vorderen Teil des Rostes und wandert samt dem Rost langsam nach hinten. Hierbei findet genau wie bei den Feuerungen mit geneigtem Rost zunächst die Erwärmung bzw. Entgasung, dann die Entzündung und endlich die Verbrennung der Kohle statt. Am hinteren Ende des Rostes soll nur Asche und Schlacke ankommen.

Die zur Unterstützung der Rostkette dienenden Walzen sowie die Trommeln sind in gußeisernen Seitenrahmen gelagert, die auf vier Rädern ruhend, den Kettenrostwagen bilden. Letzterer kann ohne Beschädigung des Mauerwerks aus dem Feuerraum herausgezogen werden.

Der vordere Teil des Rostes ist seiner ganzen Breite nach durch ein Schamottegewölbe überspannt. Es ist wichtig, daß die Gewölbehöhe nicht zu klein ist, denn sonst kann es vorkommen, daß die Gasgeschwindigkeit zu groß wird, so daß die Verbrennung zum Teil erst im Röhrenbündel vor sich geht. Das Schamottegewölbe erhitzt sich stark und bildet eine Art Wärmespeicher, der die Entgasung der Kohle und die teilweise Entzündung der leichten Kohlenwasserstoffe bewirkt. Infolge des stetig fortschreitenden Verbrennungsprozesses, der bequemen Luftregelung und der guten Mischung der Gase ist die Verbrennung eine fast rauchlose.

Die Verstärkung der Feuerung geschieht durch Veränderung des Vorschubs, der Schütthöhe und der Zugstärke. Die Schütthöhe ist bis zu ca. 24 cm einstellbar[1]). Ein rascher Vorschub des Rostes kann gegebenenfalls auch durch Kurbeln von Hand erfolgen.

Die Asche und Schlacke wird am hinteren Rostende durch einen Abstreifer, den sog. Stauer, abgestreift. Sie gelangt über den Stauer hinweg auf eine die Aschfallöffnung abschließende Klappe, die vom Heizerstand aus je nach Bedarf geöffnet werden kann. Ist Schütthöhe, Vorschub und Zugstärke richtig eingestellt, so darf sich mit Rücksicht auf die Lebensdauer des Stauers etwa 20 cm vor demselben nur noch Asche und Schlacke befinden. Für den Fall, daß die Schlacke nicht über den Stauer hinweggeht, kann durch eine Seitenöffnung von Hand nachgeholfen werden. Bei neueren Ausführungen liegt der Abstreifer so tief, daß kein Nachhelfen mehr nötig sein soll.

Die mechanische Entfernung der Schlacke ist ein großer Vorzug des Kettenrostes. In dieser Hinsicht ist er den Feuerungen mit mechanischem Rostbeschicker sowie auch den Schüttfeuerungen überlegen. Bei den letz-

[1]) In der Praxis hat sich als zweckmäßigste Schütthöhe eine solche von 10—14 cm, je nach den Zugverhältnissen, herausgestellt.

teren erfordert die Entfernung der Schlacken sowie deren Ablösung von den Roststäben immerhin einige Geschicklichkeit seitens des Heizers.

Die Kettenrostfeuerung ist speziell für Wasserrohrkessel die geeignetste Feuerung[1]). Zweifellos verdankt der Wasserrohrkessel einen guten Teil seiner heutigen Beliebtheit dem Kettenrost. Voraussetzung für die Anwendung des Kettenrostes ist jedoch, daß die Kohle leicht entzündlich ist und keinesfalls unter 12—15% flüchtige Bestandteile enthält[2]) sowie daß sie keine fließende Schlacke bildet. Außer Steinkohlen eignen sich auch hochwertige Braunkohlensorten für den Kettenrost, ebenso auch Braunkohlenbriketts. Für letztere empfiehlt sich eine kleinere Brikettform. Die Korngröße des Brennstoffs soll in keinem Fall größer als 40 mm sein[3]).

Je gleichartiger die Stückung der Kohle ist, desto gleichmäßiger ist auch deren Abbrand. Aus diesem Grund eignen sich Nußkohlen für Kettenroste am besten. Werden verschiedene Sortierungen gemischt verfeuert, so ist infolge des ungleichartigen Abbrandes die Ausnutzung etwas schlechter.

In Fällen, wo die Rostbreite größer als 2400 mm wird (etwa über 250 qm Heizfläche), werden Doppelroste angeordnet, da die Schamottegewölbe sich nicht mehr frei tragen und der Rost Schwierigkeiten bereitet.

Zu beachten ist, daß der Kettenrost ausreichende Beanspruchung und ziemlich scharfen Zug erfordert. Man hat bei normaler Beanspruchung des Kessels etwa 20 mm Zugstärke am Kesselende nötig.

---

[1]) Für Innenfeuerungen kommt der Kettenrost nicht in Betracht.

[2]) Aus demselben Grund wie bei den geneigten Rosten. Vgl. S. 53.

[3]) Auch staubförmige Steinkohle eignet sich für Kettenroste. Die Kohle darf nur nicht fest zusammenbacken, sondern muß schwelen. Auch muß sie unten angenäßt werden.

Zu den Feuerungen mit bewegtem Rost gehört auch die Feuerung der Düsseldorfer Sparfeuerungs-Gesellschaft. Der Rost ist hier eine Art Planrost, dessen Stäbe oben mit zahnartigen Vorsprüngen versehen sind. Die Stäbe bewegen sich abwechselnd ein kurzes Stück vor und wieder zurück, wodurch der Brennstoff nach der Feuerbrücke wandert. Diese Art von Feuerungen hat sich bis jetzt nicht recht eingeführt.

Feuerungen für gasförmige und flüssige Brennstoffe.

Bei den Gasfeuerungen wird das Gas im Verbrennungsraum mit Luft gemischt und entzündet. Gasfeuerungen haben den Vorzug vollständiger Rauchfreiheit, da hier das Brennmaterial von Anfang an in brennfähigem Zustand vorliegt und daher leicht mit Luft gemischt werden kann. Gasfeuerungen kamen früher hauptsächlich in Hüttenwerken zur Anwendung. Seitdem es jedoch gelungen ist, die Gichtgase und Koksofengase in der Großgasmaschine unmittelbar zur Krafterzeugung nutzbar zu machen, haben die Gasfeuerungen ihre Bedeutung für Hüttenwerke größtenteils eingebüßt.

Was die Ölfeuerungen betrifft, so kommen dieselben in Deutschland, in Anbetracht des hohen Preises der flüssigen Brennstoffe, nur ausnahmsweise zur Verwendung. In Rußland und anderen an Rohpetroleum reichen Ländern sind dagegen Feuerungen mit flüssigem Brennstoff ziemlich verbreitet.

Der flüssige Brennstoff kann nach der reinen Druckmethode mittels Zentrifugalzerstäubern oder mit Hilfe von Dampf oder Druckluft zerstäubt werden. Die einfachste und verbreitetste Zerstäubungseinrichtung ist die mit Hilfe eines Dampfstrahlgebläses. Hierbei kann erst die Zerstäubung durch den Dampf und dann die Beimischung von Verbrennungsluft erfolgen. Es kann aber auch der Dampfstrahl erst die Verbrennungsluft ansaugen. Die Zerstäubung des Brennstoffs findet dann durch das Dampfluftgemisch statt. Die erstere Anordnung empfiehlt sich insbesondere für dickflüssige Brennstoffe, wie Teer und Erdölrückstände, weil durch die Erwärmung der Brennstoff dünnflüssiger wird.

Es kann auch flüssiger Brennstoff mit festem zusammen in einer kombinierten Feuerung verbrannt werden. In diesem Fall hat man schon den flüssigen Brennstoff einfach zerstäubt auf die Kohlenschicht gespritzt, indem man über der Feuertür einen Zerstäuber anbrachte.

Im übrigen ist zu sagen, daß flüssige Brennstoffe im allgemeinen einen großen Luftüberschuß erfordern, der die Wirtschaftlichkeit beeinträchtigt. Man kommt deshalb häufig auch dort von der Ölverwendung ab, wo Öl billiger ist als Kohle.

Rauchschwacher Betrieb. Rauchbelästigung.

Das rauchschwache Arbeiten einer Feuerung wird aus zwei Gründen angestrebt, einmal vom wirtschaftlichen und sodann vom hygienischen Standpunkte aus. Der Rauch belästigt die Umgebung und hat einen direkten Wärmeverlust sowie ein Verrußen der Heizflächen zur Folge[1]). Bezüglich der Entstehung des Rauches sei auf S. 24 und 48 verwiesen.

Hauptbedingungen für eine gute und rauchschwache Verbrennung sind genügende Luftzufuhr (eventuell auch Oberluft) und gute Mischung der Luft mit den Gasen sowie genügend hohe Temperatur im Verbrennungsraum bei ausreichender Größe des letzteren. Zur Erfüllung

[1]) Ruß ist ein schlechter Wärmeleiter. Vgl. S. 80.

dieser Bedingungen bedarf es eines genügend starken Zuges, einer dem verwendeten Brennstoff angepaßten Feuerung, vor allem aber einer aufmerksamen und sachverständigen Bedienung [1]). Insbesondere ist darauf zu achten, daß die Beschickung eine möglichst gleichmäßige ist, am besten eine ununterbrochene, wie bei den selbsttätigen Feuerungen, sowie daß die Brennstoffschicht auf dem Rost keine unzulässig hohe ist, da sonst die Luftzufuhr zu sehr beeinträchtigt wird. Bei Steinkohlen gehe man für gewöhnlich nicht über 12 cm Schichthöhe. Im übrigen hängt die Schichthöhe von verschiedenen Faktoren ab, von der Korngröße und dem Gasgehalt des Brennstoffs sowie von der Zugstärke. Ein kleinkörniger Brennstoff bedingt kleinere, ein großkörniger dagegen größere Schichthöhe. Im normalen Betrieb wird man die Schichthöhe sowie den Zug der Belastung entsprechend einstellen [2]). Bei forciertem Betrieb hingegen kann es vorkommen, daß die höchstzulässige Schichthöhe überschritten wird und daß alsdann der Schornstein raucht.

Vollständig vermeiden läßt sich die Rauchentwicklung auch bei der besten rauchverzehrenden Feuerung nicht, es sei denn, daß man nur gasarme Brennstoffe, wie Anthrazit, Koks und Holzkohle verfeuert, oder daß man eine Gasfeuerung anwendet. Denn es liegt in der Natur jeder technischen Anlage, daß sie Schwankungen in ihrer Leistung, wie sie durch die Art des Betriebes, die Konjunktur usw. bedingt sind, unterworfen ist. Es läßt sich nicht immer gerade derjenige Zustand aufrechterhalten, der vom Standpunkt der rauchfreien Verbrennung aus der günstigste wäre. Um jedoch die Rauchbelästigung für die Umgebung einer Kesselanlage nach Möglichkeit

[1]) Vgl. das über die Bedienung des Planrosts Ausgeführte, S. 46.
[2]) Vgl. die Ausführungen über Feuerungskontrolle im II. Teil.

zu verringern, wird in vielen Städten eine Mindesthöhe des Schornsteins von 35—40 m vorgeschrieben.

Zum Schluß möge noch darauf hingewiesen sein, daß ein schwaches Rauchen des Schornsteins in wirtschaftlicher Hinsicht meist günstiger ist als gänzliche Rauchlosigkeit. Denn im letzteren Fall besteht die Gefahr, daß mit einem zu großen Luftüberschuß gearbeitet wird.

Die Zugerzeugung.

Zur Erzeugung des erforderlichen Zugs dient in der Regel ein Schornstein. Die Wirkung desselben beruht darauf, daß die heißen Abgase spezifisch leichter sind als die umgebende Luft. Es findet deshalb ein Auftrieb der Gase und damit ein natürlicher Luftzug statt, welcher eine saugende Wirkung hervorbringt. Die Zugwirkung ist hierbei um so größer, je höher die Temperatur der Rauchgase über derjenigen der atmosphärischen Luft liegt und je größer die Schornsteinhöhe ist. Bezüglich der Bestimmung der Schornsteinabmessungen sei auf den II. Teil verwiesen.

Außer mittels Schornstein kann man den erforderlichen Zug auch auf mechanische Weise durch Ventilatoren und Strahlgebläse erzeugen. Man spricht alsdann von künstlichem Zug und unterscheidet hierbei zwischen Saugzug- und Druckzuganlagen. Bei den ersteren ist das Gebläse hinter dem Kessel angeordnet, bei den letzteren dagegen vor demselben. Vielfach wird der Standpunkt vertreten, daß der künstliche Zug dem natürlichen vorzuziehen sei. Es ist jedoch anzunehmen, daß auch in Zukunft der natürliche Zug die Regel, der künstliche die Ausnahme bilden wird. Der künstliche Zug ist außer für bewegliche Anlagen, wie Lokomotiven, Lokomobilen, Schiffe, nur dort am Platz, wo es sich um Aushilfs- und allenfalls solche Betriebe handelt, deren Entwicklung nicht vorauszusehen ist, oder wo der vorhandene Schornsteinzug infolge Vergrößerung der Kesselanlage oder infolge nachträglichen Einbaues von Abgasvorwärmern, Winderhitzern, Staubsammlern nicht mehr ausreicht, ferner dort, wo ein zeitweise stark schwankender Betrieb vorhanden ist, sowie endlich dort, wo eine billige Kohle verheizt werden soll, die einen großen Rostwiderstand bietet. Auch wo aus Schönheitsrücksichten oder mit Rücksicht auf den schlechten Baugrund, Platzersparnis usw. ein Schornstein nicht anwendbar ist, muß man sich zum künstlichen Zug entschließen.

Für Wasserkraftwerke mit einer Aushilfsdampfanlage ist der künstliche Zug unter Umständen schon wegen der sofortigen Betriebsbereitschaft dem natürlichen vorzuziehen[1]).

Wahl der Feuerung.

Die Wahl der Feuerung richtet sich in erster Linie nach dem zu verheizenden Brennstoff, sodann aber auch nach dem Kesselsystem und der Art des Betriebes. Die Feuerung muß einen wirtschaftlichen, möglichst rauchfreien Betrieb gewährleisten und auch für hohe Belastungen geeignet sein. Der Brennstoff ist vor allem unter Berücksichtigung des Wärmepreises und der Ausnützung zu wählen; außerdem sind die Kosten für Bedienung sowie für Kohlen- und Aschentransport zu berücksichtigen. Minderwertige billige Brennstoffe sind häufig nur dort wirtschaftlich, wo Kohlenzufuhr, Rostbeschickung und Aschenabfuhr mechanisch erfolgen.

Für hochwertige, nicht zu gasreiche Brennstoffe mit

[1]) Eingehendere Ausführungen über künstlichen Zug enthält mein in der Z. d. V. d. I. 1913, S. 1455ff., veröffentlichter Aufsatz „Natürlicher oder künstlicher Zug bei Dampfanlagen?“.

höchstens 12—15% flüchtigen Bestandteilen kommen hauptsächlich Planrostfeuerungen, besonders in der Form der Innenfeuerung in Betracht. Im Gegensatz hierzu sind für Kettenrostfeuerungen sowie für Schrägrost- und Treppenrostfeuerungen nur gasreiche, leicht entzündliche Brennstoffe geeignet. Der Gehalt an flüchtigen Bestandteilen darf hier keinesfalls kleiner als 12—15% sein. Magere (gasarme) Kohlen würden hier zu schwer anbrennen.

Im allgemeinen kann man sagen, daß die Feuerung um so höheren Anforderungen genügen muß und um so größere Anlagekosten rechtfertigt, je teurer der Brennstoff und je größer die Anlage ist. Reine Handfeuerung ist heute nur noch für kleine Kessel oder allenfalls Reservekessel üblich. Rostflächen, wie sie heute für große Kesselanlagen nötig sind, kommen für Handbeschickung kaum mehr in Frage. Denn die größte dauernde Leistung eines Heizers dürfte kaum mehr als 1000 kg Brennstoff in der Stunde betragen. Bei größeren Anlagen ergibt die mechanische Rostbeschickung gegenüber der Handbeschikkung nicht nur eine Ersparnis an Arbeitskräften, sondern auch eine Steigerung der Kesselleistung sowie eine günstigere Verbrennung.

Die am häufigsten angewendeten mechanischen Feuerungen sind bei Flammrohrkesseln die Wurfapparate, bei Wasserrohrkesseln die Ketten- oder Wanderroste. Die neuerdings vielfach angewendeten sog. Wanderplanroste, auch Bündelroste genannt, haben gegenüber den gewöhnlichen Kettenrosten den Vorzug, daß schadhafte Roststäbe bequem während des Betriebes ausgewechselt werden können. Dagegen haben diese Roste den Nachteil, daß sich zwischen den Roststäben leicht Asche und Schlacke festsetzt, weil sich hier die Roststäbe nicht gegeneinander verdrehen. Kommt noch hinzu, daß die Höhe der

Roststäbe zu klein bemessen wird, so ist deren Kühlung durch die Frischluft eine ungenügende; die Folge ist alsdann ein rasches Verbrennen der Stäbe. Um bei zu raschem Vorschub des Kettenrostes ein vorzeitiges Verbrennen des Stauers zu verhindern, kann sich eine Kühlung des letzteren mittels Wassers oder Dampfschleiers empfehlen.

Für Kohlen, die stark schlacken und schwierig zu verfeuern sind, wird gerne die sog. Pluto Stokerfeuerung angewendet. Diese Feuerung ist für groß- und kleinkörnige, für heizkräftige und heizarme Brennstoffe geeignet. Für minderwertige Brennstoffe von kleinkörniger und staubförmiger Beschaffenheit wird mit Vorteil auch die Unterschubfeuerung angewendet. Allerdings kommen diese Feuerungen infolge ihrer hohen Anschaffungskosten im allgemeinen nur dort in Betracht, wo die Kohle billig zu haben ist und keine größeren Frachtkosten aufzuwenden sind.

Wenn es sich um die Verfeuerung minderwertiger Brennstoffe handelt, so muß die Feuerung meist für künstlichen Zug eingerichtet sein; vgl. die Ausführungen über Zugerzeugung. Beispiele von Feuerungen für minderwertige Brennstoffe finden sich in „Stahl und Eisen“ 1916, S. 239 ff. In der gleichen Zeitschrift wird auf S. 215 ff. über die verschiedenen Systeme von Gasfeuerungen berichtet.

Wenn irgend möglich, sollte die Feuerung nicht nur auf einen bestimmten Brennstoff zugeschnitten sein, damit in Zeiten der Kohlenknappheit allenfalls auch andere Brennstoffe verwendet werden können.

Kesselbekohlung. Aschenabfuhr.

Kohlentransport- und Siloanlagen, kurz Bekohlungsanlagen genannt, bieten außer wirtschaftlichen Vorteilen auch solche hygienischer Natur, indem sie völlige Staubfreiheit im Kesselhaus gewährleisten. Eine Bekohlungsanlage empfiehlt sich stets, wenn deren Betriebskosten einschließlich Verzinsung und Abschreibung geringer sind als der Mehraufwand für Bedienung bei Handbetrieb. Dies ist meist schon von drei Kesseln bzw. von 4—5 t stündlichem Kohlenverbrauch an der Fall.

Unter Umständen rentiert sich aber eine Bekohlungsanlage schon bei einem einzigen Kessel, wenn dessen Heizfläche eine entsprechend große ist und wenn die Kohlen von weit her zu transportieren sind. Ist neben dem Kesselhaus kein Lagerraum für die Kohlen verfügbar, so kann man schon aus örtlichen Rücksichten gezwungen sein, die Kohlen über der Kesselanlage aufzuspeichern und die mechanische Förderung einzurichten.

Die allgemeine Anordnung einer Bekohlungsanlage besteht darin, daß über den Feuerungen Silos angeordnet werden, von denen aus die Kohle nach Öffnen eines Schieberverschlusses direkt in die Fülltrichter der Kessel fällt. Die besondere Anordnung und Konstruktion der Bekohlungsanlagen ist je nach den örtlichen Verhältnissen außerordentlich verschieden, und zwar sind hier außer der Art des Brennmaterials vor allem die Terrainverhältnisse, die Betriebsansprüche sowie eventuell anstoßende Gebäude zu berücksichtigen[1]). Die zum Heben und Verteilen der Kohle in Betracht kommenden Transportmittel, wie Becherwerke und Transportbänder, Förderschwingen, Conveyers usw., müssen von Fall zu Fall so ausgewählt

[1]) Siehe den Aufsatz „Neuere Kesselbekohlungsanlagen" in der Zeitschrift des Vereins deutscher Ingenieure 1909, S. 361.

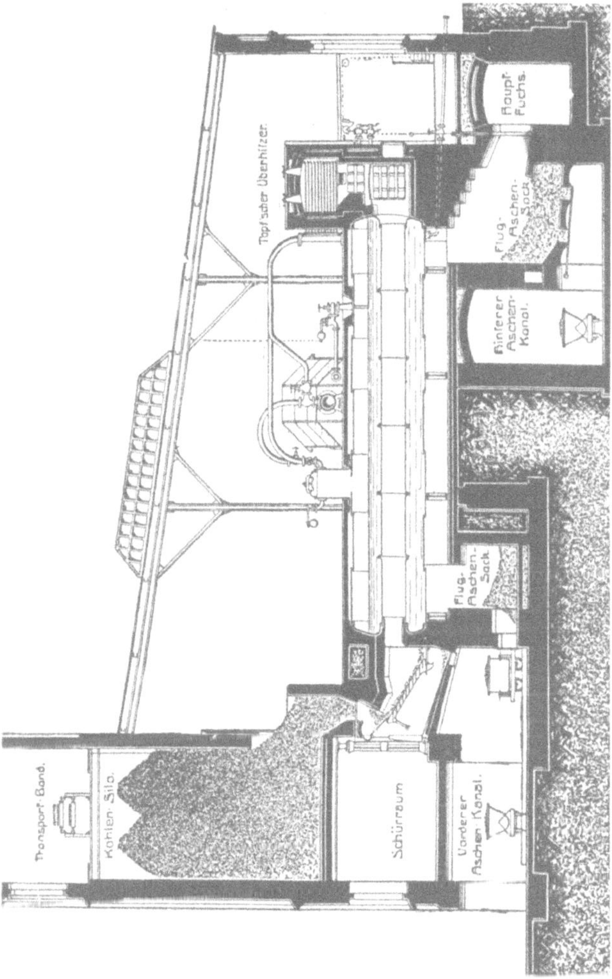

Fig. 19. Schnitt durch ein Kesselhaus. (Das Dach des Kohlensilos mußte aus Platzrücksichten wegbleiben.)

werden, daß sich eine möglichst zweckmäßige Gesamtanlage ergibt. Wenn, wie z. B. beim Umbau älterer Anlagen, das Silo weiter entfernt von den Kesseln angelegt werden muß, so schiebt man ein Zwischentransportmittel, wie etwa Schnecken, zur Kohlenbeförderung ein. Förderschnecken in Verbindung mit Elevatoren sind auch dort nötig, wo das Silo nicht über, sondern neben den Kesseln unterzubringen ist.

Zur bequemen Entfernung der Asche und Schlacke, welche in besonderen großen Sammelkammern unter den Kesseln aufgefangen werden, unterkellert man bei großen Kesselhäusern die Kesselanlage. Auf diese Weise entsteht ein Netz von Kanälen, in denen mittels schmiedeeiserner Transportwagen, welche unmittelbar aus den Flugaschenkammern gefüllt werden, die Asche abgefahren wird. Je nach den örtlichen Verhältnissen werden die Aschenwagen mittels schräg aufsteigender Kanäle oder durch besondere Elevatoren oder Aufzüge an die Erdoberfläche befördert.

Auch zur Entfernung der Flugasche aus den Zügen und Sammelkammern der Kessel wurden schon mechanische Flugaschen-Transporteinrichtungen gebaut, welche eine Entleerung der Züge in kurzen Betriebspausen oder auch während des Betriebs ermöglichen.

IV. Abschnitt.

Die Wärmeübertragung.

Die Heizflächen und der Wärmedurchgang.

Allgemeines.

Der Wärmeübergang erfolgt stets vom wärmeren zum kälteren Körper. Man unterscheidet hierbei Wärmeübergang durch „Berührung“ (Leitung) und durch „Strahlung“. Der letztere Fall liegt dann vor, wenn sich zwei Körper von verschiedener Temperatur gegenüberstehen. Meist erfolgt der Wärmeübergang unter gleichzeitiger Wirkung von Berührung und Strahlung.

Bei technischen Feuerungen besteht der wärmere Körper aus gasförmigen Verbrennungsprodukten irgendeines festen, flüssigen oder gasförmigen Brennstoffs. Je höher hierbei die Temperatur der Verbrennungsprodukte ist, desto mehr überwiegt der Wärmeübergang durch Strahlung, je niederer dagegen die Heizgastemperatur ist, desto mehr Wärme geht durch Berührung bzw. Leitung über. Man kann beispielsweise annehmen, daß bei etwa 500° C die Grenztemperatur liegt, bei der ebensoviel Wärme durch Strahlung wie durch Leitung übergeht. Über 500° C hingegen überwiegt der Anteil der Strahlung, unter 500° C derjenige der Leitung.

Der Wärmeübergang von den Heizgasen auf das zu erhitzende Medium hängt von der Art und dem Aggregatzustand des letzteren, von der Art und Größe der Heizfläche sowie von dem Temperaturgefälle ab. Weiterhin kommt noch die Geschwindigkeit in Betracht, mit welcher das heizende und das geheizte Medium an der Heizfläche vorbeiströmen, und endlich ist noch die Reinheit der Heizfläche von erheblichem Einfluß auf den Wärmeübergang.

Je größer die Geschwindigkeit ist, mit der die Heizgase und das zu erhitzende Medium an der Heizfläche entlang streichen, desto günstiger gestaltet sich der Wärmeübergang. Man ist deshalb bestrebt, die Geschwindigkeit der Heizgase in denjenigen Temperaturgebieten, in denen der Übergang vorwiegend durch Leitung erfolgt, möglichst hoch zu halten. Bei hohen Temperaturen jedoch, bei denen die Übertragung durch Strahlung vorherrscht, wäre eine große Heizgasgeschwindigkeit nicht nur zwecklos, sondern unter Umständen schädlich, indem dadurch die Wirkung von Stichflammen herbeigeführt würde.

Handelt es sich um die Erwärmung von Wasser durch Heizgase, so ist unter sonst gleichen Verhältnissen der Wärmedurchgang viel intensiver als bei Erwärmung von Dampf. Dies hängt damit zusammen, daß der Dampf, insbesondere der überhitzte, ein wesentlich schlechterer Wärmeleiter ist als das Wasser[1]).

Bezüglich der Heizflächen unterscheidet man gewöhnlich drei verschiedene Arten:

1. die sog. Nichtstromheizfläche (Fig. 20), bei welcher das Kesselwasser in Ruhe bleibt, während die Heizgase den Kessel entlang strömen;
2. die Parallelstromheizfläche, bei der Wasser (Dampf) und Heizgase sich in der gleichen Richtung bewegen;
3. die Gegenstromheizfläche (Fig. 23), bei welcher Wasser (Dampf) und Heizgase sich in entgegengesetzter Richtung bewegen.

Die wirksamste dieser drei Heizflächen ist die Gegenstromheizfläche, d. h. unter sonst gleichen Verhältnissen wird hier der Wärmeübergang am größten ausfallen. Dies leuchtet auch sofort ein, wenn man bedenkt, daß hier die Temperaturdifferenz zwischen den Heizgasen und dem zu erwärmenden Körper an allen Stellen am größten ausfällt. Man wendet deshalb meist die Gegenstromheizfläche an. Dieselbe fällt für eine bestimmte Wärmeleistung am klein-

[1]) Allgemein gesprochen: der Wärmedurchgang ist um so intensiver, je dichter das heizende bzw. das geheizte Medium ist.

sten aus und bedingt sonach den kleinsten Materialaufwand.

Bisweilen kommt auch noch eine vierte Art von Heizfläche, die Kreuzstromheizfläche, in Betracht, bei der die beiderseitigen Strömungsrichtungen im Winkel zueinander stehen.

Die Berechnung von Heizflächen kann nach folgender Formel erfolgen:

$$F = \frac{Q}{k \cdot t_m} .$$

Hierin bedeuten:

F die Heizfläche in Quadratmetern,

Q die stündlich zu übertragende Wärmemenge in Kalorien,

t_m das mittlere Temperaturgefälle in Grad C zwischen den Heizgasen und dem zu erwärmenden Körper,

k den Wärmedurchgangskoeffizienten, d. i. diejenige Zahl von Kalorien, welche stündlich pro Grad C Temperaturdifferenz durch 1 qm Heizfläche übergeht.

Wenn auch nach der obigen Formel die Berechnung der Heizfläche von Kesseln, Vorwärmern, Überhitzern usw. sehr einfach zu sein scheint, so ist doch zu berücksichtigen, daß bezüglich des Wärmedurchgangskoeffizienten große Unsicherheit herrscht. Auch das mittlere Temperaturgefälle ist meist nicht genau festzustellen. Aus diesem Grunde begnügt man sich vielfach damit, die Heizflächen auf empirischem Wege, d. h. auf Grund von Erfahrungszahlen zu ermitteln.

Die Kesselheizfläche.

Der Wärmeübergang von den Heizgasen an die Kesselwand erfolgt durch Berührung und Strahlung, wogegen die Wärme von den Wandungen an das Wasser nur durch Berührung bzw. Leitung abgegeben wird.

Der Widerstand, welcher sich dem Wärmedurchgang von den Heizgasen zum Wasser entgegensetzt, zerfällt in drei Teile:

1. Übergangswiderstand zwischen Heizgasen und Kesselwand;
2. Fortleitungswiderstand in der Kesselwandung;
3. Übergangswiderstand zwischen Kesselwand und Wasser.

Von diesen Widerständen ist der erstgenannte weitaus am größten. Man erkennt dies an dem bedeutenden Temperaturabfall zwischen Heizgasen und Kesselwand. Die Temperatur der letzteren liegt nämlich unter normalen Verhältnissen nur wenig über derjenigen des Wassers. Im übrigen sind die unter 1 und 3 genannten Widerstände in hohem Maße von der Reinheit der Kesselwand abhängig. Ein Belag von Ruß oder Flugasche auf der Feuerseite und ein Stein- oder Ölbelag auf der Wasserseite erhöhen infolge ihrer schlechten Wärmeleitungsfähigkeit den Übergangswiderstand wesentlich, wobei insbesondere Ruß und Flugasche eine erhebliche Verschlechterung des Wärmedurchgangs zur Folge haben.

Im Mittel kann der Wärmedurchgangskoeffizient zu etwa 23 angenommen werden. Bei Wasserrohrkesseln beträgt er durchschnittlich etwas mehr, während er bei Flammrohrkesseln infolge des schlechteren Wasserumlaufs etwas weniger beträgt.

Der Wert $k = 23$ ist jedoch nur als Durchschnittszahl aufzufassen. Denn in Wirklichkeit ist die Wärmedurchgangszahl an verschiedenen Stellen der Kesselheizfläche ganz verschieden groß[1]). Sie ist z. B. für die unteren Röhren eines Wasserrohrkessels bis zu 50 und 60, während

---

[1]) Vgl. auch Z. d. V. d. Ing. 1904, S. 379 und 1911, S. 1297 sowie Zeitschr. f. d. ges. Turb. 1912, S. 492.

sie für die oberen Röhren vielleicht bis auf 6—8 heruntergeht. Auch beim Flammrohrkessel kommen in denjenigen Teilen des Flammrohrs, welche dem Feuerherd zunächst liegen, Wärmedurchgangszahlen von 50 und mehr vor. Bei Wasservorlagen von direkt gefeuerten Überhitzern hat man schon Werte von $k = 80$ und mehr festgestellt.

Die Bemessung der Kesselheizfläche erfolgt ausschließlich auf Grund von Erfahrungszahlen[1]). Man geht hierbei von der mittleren Beanspruchung bzw. der stündlichen Dampferzeugung pro Quadratmeter Heizfläche aus. Nimmt man beispielsweise eine Beanspruchung der Heizfläche von 20 kg/qm an, so ergibt sich die Größe der Heizfläche F in Quadratmeter zu

$$F = \frac{D}{20},$$

wobei D die stündlich zu erzeugende Dampfmenge in Kilogramm bedeutet.

In Wirklichkeit ist nach dem Vorausgehenden die Dampferzeugung pro Quadratmeter Heizfläche keine konstante Zahl, sondern an den verschiedenen Stellen der Kesselheizfläche ganz verschieden groß. Der Durchschnittswert ist in erster Linie von der Größe der Rostfläche abhängig; er wird außerdem beeinflußt von dem Heizwert des Brennstoffs und der Anordnung der Feuerzüge.

Bei Flammrohrkesseln z. B. werden allein im Flammrohr, sofern dasselbe genügend rein ist, bis zu 70—75% der gesamten nutzbar gemachten Wärme übergeführt. Im Flammrohr wiederum weisen die dem Feuerherd zunächstliegenden Teile der Heizfläche die lebhafteste Verdampfung auf, da hier das Temperaturgefälle am größten ist

[1]) Vgl. auch II. Teil.

und zudem ein großer Teil der Wärme durch Strahlung übergeführt wird[1]).

Man ist aus Preisrücksichten bestrebt, die Dampfleistung pro Quadratmeter Heizfläche möglichst groß anzunehmen. Im allgemeinen geht man bei stationären Kesseln mit der Beanspruchung nicht unter 12 und nicht über 30—35 kg pro Quadratmeter Heizfläche. Die letzteren Ziffern lassen sich nicht nur bei hochwertigen Brennstoffen, sondern auch bei minderwertigen erreichen, sofern man nur in der Lage ist, eine genügend große Rostfläche unterzubringen.

Wärmeausnützung. Wirkungsgrad.

Die Wärmeausnützung hängt nicht so sehr von dem Kesselsystem, als vor allem von dem verwendeten Brennstoff und der Feuerungseinrichtung sowie von der Beanspruchung und der Bedienung der Kesselanlage ab. Erfahrungsgemäß ergibt die hochwertige Steinkohle die beste Wärmeausnützung, da bei ihr die höchste Temperatur im Feuerraum erreicht wird. Je höher nämlich die letztere ist, desto größer wird der Betrag der im Feuerraum in den Kessel eingestrahlten Wärme und desto niederer fällt unter sonst gleichen Verhältnissen die Abgastemperatur aus.

Bei geringwertigen Brennstoffen ist die Verbrennungstemperatur und damit auch das Temperaturgefälle nach dem Kesselinnern kleiner, weshalb hier der Wärmeübergang im Feuerraum ein schlechterer ist, d. h. man hat zur Erzielung gleich niederer Abgastemperaturen wie bei hochwertigen Brennstoffen größere Heizflächen nötig, sei

[1]) Durchschnittlich kann man etwa annehmen, daß das erste Drittel der Heizfläche ca. 60% des gesamten Dampfquantums liefert, das zweite Drittel ca. 25% und das letzte Drittel ca. 15%.

es, daß man den Kessel entsprechend reichlicher bemißt, oder daß man, was häufig zweckmäßiger ist, einen Ekonomiser vorsieht. Wird jedoch, wie dies wohl meist geschieht, die Heizfläche gleich stark beansprucht, so bleibt die Wärmeausnützung nicht unerheblich hinter derjenigen bei hochwertigen Brennstoffen zurück.

Sodann ist noch zu berücksichtigen, daß bei langflammigen Brennstoffen, wie z. B. Braunkohlen, ein Teil der Gase unter Umständen erst in den Zügen verbrennt. Die sich hierbei entwickelnde Wärme kommt aber nicht der ganzen Heizfläche zugute, sondern nur einem Teil derselben, was ebenfalls die Wärmeausnützung ungünstig beeinflußt.

Je stärker eine Kesselanlage beansprucht ist, desto höher werden die Abgastemperaturen und desto geringer wird (von einer gewissen Grenze an) die Wärmeausnützung. Andererseits jedoch wächst bei zu geringer Beanspruchung der verhältnismäßige Anteil der Strahlungsverluste, wodurch ebenfalls die Wärmeausnützung verschlechtert wird.

Zur Anwendung größerer Heizflächen bzw. geringerer Beanspruchungen bei Verfeuerung geringwertigen Brennmaterials kann — wenigstens bei Innenfeuerungen — auch die Rücksicht auf die Unterbringung des Rostes veranlassen, dessen Abmessungen um so größer ausfallen, je geringwertiger der Brennstoff ist.

Der Wirkungsgrad der Kesselanlage[1]) bzw. die Wärmeausnützung des Brennstoffs übertrifft bei Verfeuerung hochwertiger Brennstoffe selten den Wert von 75%. Nur bei Vorhandensein eines Ekonomisers kommt man auf 80% und darüber. Es gehen sonach von der aufgewendeten Wärme rund 25% in der Kesselanlage verloren. Hier-

[1]) Vgl. die Definition weiter unten.

von entfallen unter normalen Verhältnissen ca. 8—12% auf die Ausstrahlung und die Wärmeableitung des Mauerwerks sowie auf Ruß und unverbrannte Gase, ca. 12 bis 16% auf die in den Rauchgasen enthaltene freie Wärme (Schornsteinverlust) und ca. 1—2% auf das Unverbrannte in den Herdrückständen (Asche und Schlacke).

Bei geringwertigen Brennstoffen kommt man mit der Wärmeausnützungsziffer (ohne Ekonomiser) auf höchstens 65—70%. Der größere Wärmeverlust von 30—35% ist durch den größeren Schornsteinverlust[1]) bedingt, in zweiter Linie auch durch die meist etwas größeren Verluste durch unverbrannte Gase und Strahlung.

Welchen Einfluß der Einbau eines Überhitzers, die Aufstellung eines Ekonomisers und die Anordnung einer mechanischen Feuerung auf die Wärmeausnützung haben, ergibt sich aus den Darlegungen im II. Teil sowie S. 60 des vorliegenden Bandes.

Vorstehende Werte werden jedoch im allgemeinen nur bei Abnahmeversuchen erreicht, wenn die Bedienung der Feuerung durch einen Versuchsheizer oder einen Ingenieur der Lieferantin überwacht wird und wenn die Heizflächen innerlich, und vor allem äußerlich, genügend rein sind. Im normalen Betrieb bleiben die Wirkungsgrade 10—15% und mehr hinter den oben genannten Werten zurück, was in der Hauptsache daher rührt, daß der Schornsteinverlust ein größerer ist. Speziell bei mechanischen Feuerungen bleibt der Wirkungsgrad im normalen Betrieb nur um ca. 5% hinter demjenigen zurück, wie er sich bei Versuchen ergibt.

Die beste Gewähr für eine gute Wärmeausnützung liegt neben einer richtigen Konstruktion und Bemessung

---

[1]) Vgl. S. 88.

der Feuerungs- und Kesselanlage in der Anstellung eines tüchtigen, aufmerksamen und pflichtbewußten Heizers[1]). Als zweckmäßig kann es sich hierbei erweisen, den letzteren durch Gewährung von Kohlenersparnis-Prämien an dem Betrieb zu interessieren, was allerdings in Anbetracht des meist schwankenden Kraftbedarfs praktisch nicht leicht durchzuführen ist.

Unter dem Wirkungsgrad der Kesselanlage versteht man das Verhältnis der zur Dampfbildung und Überhitzung (sowie evtl. zur Vorwärmung) nutzbar gemachten Wärmemenge zu der durch den Brennstoff zugeführten Wärme. Der Wirkungsgrad der Kesselanlage kann hierbei gleich dem Produkt aus den Wirkungsgraden der Feuerung und der Heizfläche gesetzt werden, d. h.

$$\eta = \eta_f \cdot \eta_h .$$

Häufig beurteilt man die Güte einer Kesselanlage auch nach der Verdampfungszahl. Unter der Verdampfungszahl versteht man diejenige Dampfmenge in Kilogramm, welche durch 1 kg Brennstoff erzeugt wird. Unter sonst gleichen Verhältnissen ist die Verdampfungszahl, auch oft kurz Verdampfung genannt, von der Spannung und Temperatur des Dampfes sowie von der Speisewassertemperatur abhängig. Um die Verdampfungszahl zur vergleichsweisen Beurteilung von Kesselanlagen benützen zu können, bezieht man dieselbe in der Regel auf Dampf von 100° C, erzeugt aus Wasser von 0°, d. h. auf Dampf von 639,7 Kal. (Normaldampf). Diese Verdampfungszahl, auch Normalverdampfungsziffer genannt, ergibt sich für verschiedene Brennstoffe und Wirkungsgrade wie folgt:

[1]) Vgl. II. Teil.

Kohlensorte	Heizwert in Kalorien	Normal-Verdampfungsziffer bei einem Wirkungsgrad der Kesselanlage von			
		50 %	60 %	70 %	80 %
Braunkohlen .	2500	2,0	2,3	2,7	3,1
	3000	2,3	2,8	3,3	3,8
	4000	3,1	3,8	4,4	5,0
	4500	3,5	4,2	4,9	5,6
	5000	3,9	4,7	5,5	6,3
	5500	4,3	5,2	6,0	6,9
Steinkohlen. .	6000	4,7	5,6	6,6	7,5
	6500	5,1	6,1	7,1	8,1
	7000	5,5	6,6	7,7	8,8
	7500	5,9	7,0	8,2	9,4
	8000	6,3	7,5	8,8	10,0

Was die beiden wichtigsten Kesselsysteme, die Flammrohr- und die Wasserrohrkessel betrifft, so begegnet man hier bisweilen noch der Ansicht, daß die letzteren infolge ihrer Außenfeuerung und der ausschließlichen Anwendung von Außenzügen grundsätzlich die schlechtere Wärmeausnützung besitzen. Diese Ansicht ist jedoch zweifellos nicht mehr zutreffend. Denn die weite Verbreitung, welche der Wasserrohrkessel gefunden hat, sowie die günstigen Ergebnisse von Verdampfungsversuchen zeigen, daß es der Technik gelungen ist, die dem Wasserrohrkessel anhaftenden Mängel zu beseitigen. Wenn in einem gegebenen Fall der Wasserrohrkessel wirklich hinter dem Flammrohrkessel zurückbleibt, so hängt dies weniger mit dem System und der Konstruktion des Kessels als mit der Bauart der Feuerung und der Anordnung der Züge zusammen, d. h. die mehr oder weniger gute Wärmeausnützung beim Wasserrohrkessel ist in erster Linie eine Feuerungsfrage[1]).

Man kann heute sagen, daß sich bei Verwendung guter

[1]) Vgl. S. 11.

Steinkohlen und bei richtiger Konstruktion der Feuerung die Wärmeausnützung beim Flammrohr- und Wasserrohrkessel ziemlich gleich stellt, zumal bei dem letzteren die Heizfläche, das Röhrenbündel, leicht von Ruß und Flugasche freigehalten werden kann.

Bei schlechtem Brennstoff hingegen ist im allgemeinen die Verbrennung im Flammrohr ungünstiger, da hier die Heizgase an die Heizfläche gelangen, noch ehe die Verbrennung vollständig beendet ist. Die dadurch bewirkte starke Abkühlung der Heizgase verhindert die weitere Verbrennung derselben und bedingt einen dementsprechenden Verlust durch unverbrannte Gase. Demgegenüber ist man bei Wasserrohrkesseln in der Lage, eine von Schamottewänden umgebene Verbrennungskammer zu schaffen, in welcher die Schwelgase vollständig verbrennen, ehe sie in das Röhrenbündel gelangen. Allerdings kann man auch bei Flammrohrkesseln eine derartige Verbrennungskammer schaffen, wenn man den Kessel mit einer Vorfeuerung versieht[1]).

Wie die einzelnen beim Betriebe einer Dampfkesselanlage entstehenden Verluste zu bestimmen sind, ergibt sich aus dem Folgenden.

Wärmeverluste.

Beim Betriebe von Kesselanlagen entstehen Verluste durch unvollkommene Verbrennung und Übertragung. Diese setzen sich aus drei Hauptteilen zusammen:

1. dem Wärmeverlust durch die heißen Abgase;
2. dem Wärmeverlust durch Strahlung und Leitung sowie durch unverbrannte Gase und Ruß;
3. dem Wärmeverlust durch die Herdrückstände[2]).

---

[1]) Vgl. S. 102.

[2]) Dieser Verlust zusammen mit dem Verlust durch unverbrannte Gase und Ruß ergibt den Verlust durch unvollkommene Verbrennung.

Die Verlustquellen 1 und 3 lassen sich versuchsmäßig feststellen. Der Verlust unter Ziffer 2 dagegen kann nur summarisch als Restverlust ermittelt werden. Man stellt zu diesem Zweck eine Wärmebilanz auf, in welcher die zur Dampferzeugung, Dampfüberhitzung und Vorwärmung des Speisewassers pro Kilogramm Brennstoff nutzbar gemachten Wärmebeträge sowie die unter Ziffer 1 und 3 genannten Verluste einzeln aufgeführt werden. Was alsdann noch zum Heizwert des Brennstoffs fehlt, stellt den Restverlust dar. In der Regel werden hierbei die verschiedenen Wärmebeträge in Prozenten des Heizwerts bzw. der aufgewendeten Wärme ausgedrückt. Vgl. die Beispiele im II. Teil.

Bezüglich der durch unverbrannte Gase entstehenden Verluste sei auf den II. Teil verwiesen.

Bei einer Kohle, welche viel Staub enthält, können auch noch Verluste dadurch entstehen, daß Kohlenstaub durch den Schornsteinzug unverbrannt mitgerissen wird. Zu vermeiden ist dieser Verlust durch Annässen der Kohle.

1. Wärmeverlust durch die Abgase.

Dieser Verlust, auch Schornsteinverlust genannt, entsteht dadurch, daß die Rauchgase den Dampfkessel mit einer Temperatur T verlassen, welche höher ist als die Temperatur t der Außenluft. Er berechnet sich aus der Menge und Zusammensetzung der Rauchgase, ihrer spezifischen Wärme (im Mittel 0,32 für 1 cbm Heizgas und 0,467 für 1 kg Wasserdampf) und dem Temperaturunterschied $T - t$ zu

$$V = \left(0{,}32 \frac{C}{0{,}536\,K} + 0{,}467 \frac{9\,H + W}{100}\right)(T - t) \text{ Kalorien}^{1)}.$$

[1]) Will man genau verfahren, so darf man nicht einfach mit 0,32 rechnen. Denn die spezifische Wärme der Rauchgase ist verschieden, je nach deren Zusammensetzung und Temperatur. Vgl. auch S. 31.

Hierbei bedeuten:

C den Kohlenstoffgehalt des Brennstoffs in Gewichtsprozenten,

H den Wasserstoffgehalt des Brennstoffs in Gewichtsprozenten,

W den Wassergehalt des Brennstoffs in Gewichtsprozenten,

K den Kohlensäuregehalt der trockenen Rauchgase in Volumenprozenten, vor dem Rauchschieber gemessen,

T die Temperatur der Rauchgase vor dem Rauchschieber in Grad C,

t die Raumtemperatur im Kesselhaus in Grad C.

In vorstehender Formel ist der durch unverbrannte Gase verursachte Verlust nicht enthalten, m. a. W. der Abwärmeverlust V entspricht nur dann der Wirklichkeit, wenn die Verbrennungsgase keine unverbrannten Bestandteile enthalten.

Wie die Formel erkennen läßt, ist der Schornsteinverlust um so größer, je kleiner der Kohlensäuregehalt der Abgase, d. h. je größer der Luftüberschuß ist. Im normalen Betrieb ist bei Handfeuerungen $K = 8—9\%_0$, bei mechanischen Feuerungen $K = 10—12\%_0$ anzunehmen[1]).

Außerdem wächst der Schornsteinverlust mit der Höhe der Abgastemperatur T. Die letztere ist von der Beanspruchung des Kessels und der Reinheit seiner Heizflächen abhängig. Auch die Güte der Verbrennung ist hierbei von Einfluß, in der Weise, daß die Abgastemperatur um so höher ausfällt, je größer der Luftüberschuß ist, mit dem die Feuerung betrieben wird. Je größer nämlich der Luftüberschuß ist, desto niedriger ist gemäß S. 27 die Verbrennungstemperatur und desto kleiner wird demnach

[1]) Vgl. S. 60.

das Temperaturgefälle nach dem Kesselinnern. Es geht infolgedessen am Anfang der Heizfläche weniger Wärme über und die Heizgase kommen mit höherer Temperatur am Kesselende an.

Da man nicht immer die Zusammensetzung des Brennstoffs kennt, so berechnet man den Schornsteinverlust (in Prozenten des Kohlenheizwertes) häufig auch aus der Siegertschen Näherungsformel:

$$V = 0{,}65 \frac{T - t}{K} \%$$ [1]).

2. Wärmeverlust durch Strahlung usw.

Die Verluste durch Strahlung und Leitung hängen in erster Linie von der Art der Feuerung und der Einmauerung ab. Um die Wärmeableitung nach außen an die umgebende Luft möglichst gering zu halten, hat man auf eine gute, mit Isolierschichten versehene Einmauerung des Feuerraums und der Feuerzüge zu achten. Um den hauptsächlich beim Öffnen der Feuertür entstehenden beträchtlichen Verlust durch Strahlung möglichst gering zu halten, hat man dafür zu sorgen, daß die Feuertür möglichst selten bzw. kurz zwecks Beschickung und Abschlackung des Rostes geöffnet wird[2]).

Was den Verlust durch Ruß betrifft, so fällt derselbe bei Magerkohlen fast ganz weg. Je höher aber der Gehalt an flüchtigen Bestandteilen (Kohlenwasserstoffen) ist, desto größer fällt dieser Verlust im allgemeinen aus.

Die Verluste durch unverbrannte Gase können sowohl

---

[1]) Diese Formel gilt für Steinkohlen mittlerer Qualität und einen Kohlensäuregehalt von 8—10%. Für Braunkohlen hingegen ist die Konstante etwas größer. Man kann hier statt 0,65 etwa 0,70—0,73 annehmen. Je geringer der Kohlensäuregehalt der Rauchgase ist, desto kleiner ist der Koeffizient der Siegertschen Formel.

[2]) Vgl. S. 46.

bei gasarmen als auch bei gasreichen Brennstoffen auftreten, und zwar im ersteren Fall durch Kohlenoxyd, im letzteren durch Kohlenwasserstoffe und Wasserstoff. Zu verringern sind diese Verluste in erster Linie durch eine sachgemäße Bedienung des Feuers[1]).

3. Wärmeverlust durch die Herdrückstände.

Dieser Verlust ist um so geringer, je niedriger der Aschengehalt der Kohle ist. Vernachlässigt man den durch Entfernen heißer Schlacken aus dem Verbrennungsraum entstehenden Wärmeverlust, da derselbe sehr gering zu sein pflegt, so verbleibt noch der Wärmeverlust durch Unverbranntes in den Herdrückständen (Schlacke und Asche). Derselbe wird in folgender Weise ermittelt: Nach Beendigung des Versuches wird das Gewicht der trockenen Verbrennungsrückstände bestimmt und in einer Durchschnittsprobe der Gehalt an unverbrannten Bestandteilen festgestellt. Das Verbrennliche in den Herdrückständen wird hierbei als Kohlenstoff mit 8100 Kal. pro Kilogramm in Rechnung gestellt.

Wärmeübergang bei verunreinigtem Kessel.

Je länger ein Kessel im Betrieb ist, desto mehr verschlechtert sich erfahrungsgemäß sein Wirkungsgrad. Die Ursache hierfür liegt in der Verunreinigung der Heizflächen durch Ruß und Flugasche (außen) und durch Schlamm und Kesselstein (innen). Je unreiner nämlich die Heizfläche ist, desto mehr wird gemäß S. 80 der Wärmedurchgang erschwert, desto heißer verlassen die Rauchgase den Kessel und desto größer fällt der Schornsteinverlust aus. Man hat daher in der ständigen Kontrolle der Abgangstemperatur der Rauchgase ein Mittel, um sich

[1]) Vgl. II. Teil.

über den Grad der Verunreinigung eines Kessels zu orientieren[1]). Je teurer der verfeuerte Brennstoff ist, desto früher wird man sich zur Außerbetriebsetzung und Reinigung des Kessels entschließen müssen, d. h. die Frage, wie oft sich die Reinigung eines Kessels empfiehlt, ist im letzten Grunde eine wirtschaftliche Frage.

Die rechnungsmäßige Feststellung des Wärmeverlustes durch unreine Heizflächen begegnet zahlreichen Schwierigkeiten. Denn die Abscheidung der Verunreinigungen ist an den verschiedenen Teilen der Heizfläche ganz verschieden. Beispielsweise wird die Stärke der Kesselsteinschicht in der Nähe der Feuerstelle am größten ausfallen, weil hier die lebhafteste Verdampfung stattfindet. Je näher sich aber die Verunreinigungen beim Feuerherd ablagern, desto ungünstiger ist es für die Wärmeausnützung.

Der durch die Verunreinigungen bedingte Wärmeverlust darf nicht etwa proportional der Abnahme des Wärmedurchgangskoeffizienten k angenommen werden. Denn es ist zu berücksichtigen, daß infolge des erschwerten Wärmeübergangs am Anfang der Heizfläche die folgenden Partien der Heizfläche Gase von höherer Temperatur bekommen und deshalb dementsprechend mehr Wärme übertragen. Die Verschlechterung des Wärmedurchgangskoeffizienten wird also teilweise durch die Erhöhung des Temperaturgefälles wieder ausgeglichen.

Den ungünstigsten Einfluß auf die Wärmeausnützung haben gemäß S. 80 Ruß und Flugasche. Dagegen macht ein Kesselsteinbelag in wirtschaftlicher Hinsicht weit

[1]) Die Beobachtung der Abgastemperatur läßt allerdings nur dann einen Schluß auf die Reinheit der Kesselwandungen zu, wenn die Belastung eine ziemlich konstante und die Feuerbedienung eine gleichmäßig gute ist. Wird z. B. mit größerem Luftüberschuß gearbeitet, so hat dies auch eine Erhöhung der Abgastemperatur zur Folge (vgl. S. 89).

weniger aus, als man gemeinhin annimmt[1]). Solange die durchschnittliche Stärke des Kesselsteins über die ganze Heizfläche den Betrag von 5 mm nicht überschreitet, macht die Verminderung der Wärmeausnützung im allgemeinen nicht mehr als 2—3% aus. Selbst bei einem Steinbelag von obiger Stärke und sehr geringer Wärmeleitungsfähigkeit dürfte der Einfluß auf die Wärmeausnützung nicht mehr als 5% betragen. Die Wärmeausnützung wird sonach durch einen Kesselstein von mittlerer Leitfähigkeit so wenig beeinflußt, daß es sich durch vergleichende Verdampfungsversuche gar nicht einwandfrei nachweisen läßt.

Ein Steinbelag von 5 mm im Mittel dürfte aber in geordneten Betrieben kaum überschritten werden. Wenn man nun noch berücksichtigt, daß sich die obigen Ziffern auf den Zustand des Kessels kurz vor der Reinigung beziehen, so beträgt der durchschnittliche Einfluß auf die Wärmeausnützung, bezogen auf die ganze Betriebsdauer, nur die Hälfte, also etwa 1—2%.

In Betrieben, in denen Kondensat von Kolbenmaschinen zur Speisung verwendet wird, ist eine gründliche Entölung vorzusehen[2]). Denn ein Ölansatz erschwert den Wärmedurchgang bedeutend mehr als ein Steinbelag und ist deshalb schlimmer als dieser.

V. Abschnitt.

Verschiedene Kesselsysteme.

Allgemeines.

Von den zahlreichen existierenden Kesselsystemen kommen heute hauptsächlich Flammrohrkessel, Wasser-

---

[1]) Kesselstein beeinträchtigt vor allem die Betriebssicherheit und Lebensdauer des Kessels. Vgl. II. Teil.

[2]) Vgl. II. Teil.

rohrkessel und Heizröhrenkessel in Betracht. Trotzdem mögen im folgenden auch solche Kessel kurz zur Besprechung gelangen, welche seltener vorkommen und nur für bestimmte Zwecke verwendet werden.

Man unterscheidet je nach der Bauart zwischen liegenden und stehenden Kesseln. In der Regel kommen liegende Kessel zur Anwendung, wogegen stehende meist nur für kleinere Heizflächen in Betracht kommen. Je nachdem die Kessel fest aufgestellt sind oder nicht, unterscheidet man zwischen ortsfesten und beweglichen Kesseln. Zu den letzteren gehören die Lokomobil- und Lokomotivkessel. Auch die Schiffskessel lassen sich als bewegliche betrachten.

Auf die Wahl des Kesselsystems wird im II. Teil des näheren eingegangen.

Landkessel.

1. Walzenkessel. Batteriekessel.

Man unterscheidet einfache und mehrfache Walzenkessel. Der einfache Walzenkessel, auch Wattscher Kessel genannt, besteht aus einem einzigen Zylinderkessel gemäß Fig. 20. Er besitzt eine Unterfeuerung mit einem einfachen Längszug[1]). Der Kessel ist nach hinten etwas geneigt, damit er durch einen Stutzen vollständig abgelassen werden kann. Der Ablaßstutzen ist, sofern er die Feuerzüge durchdringt, genügend weit auszuführen. Enge Röhren setzen sich nämlich leicht mit Schlamm und Kesselstein voll und brennen dann wegen der fehlenden Wasserkühlung durch, weshalb sie im Fall ihrer Anwendung durch Einmauerung zu schützen sind.

[1]) Längszüge kommen nur noch beim einfachen Walzenkessel zur Anwendung. Bei mehrfachen Kesseln zieht man auf- und absteigende Züge vor, schon mit Rücksicht auf die Ablagerung der Flugasche. Dieselbe erfolgt hier hauptsächlich unten an den Umkehrstellen.

Der Mantel ist aus einzelnen Teilen, den Schüssen, zusammengenietet. Letztere sind beim einfachen Walzenkessel konisch, beim mehrfachen dagegen meist zylindrisch, da zylindrische Schüsse leichter aufzuzeichnen und zu behobeln sind als konische[1]). Die beiden Enden des Kesselkörpers werden durch gewölbte Böden geschlossen.

Zu beachten ist, daß im unmittelbaren Feuer keine Nietnaht liegen soll. Man legt deshalb häufig die über dem Rost befindliche Platte, die sog. Feuerplatte, mit ihrer Längsrichtung in die Richtung der Kesselachse. Die vor-

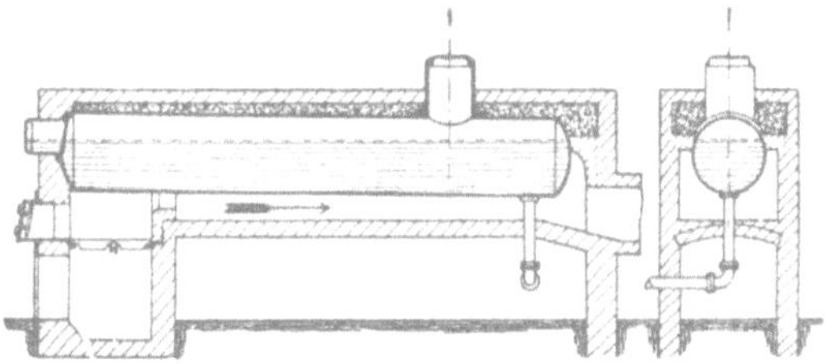

Fig. 20. Einfacher Walzen- oder Zylinderkessel.

dere Rundnaht für den Kesselboden muß durch einen gemauerten Schutzbogen vor der Einwirkung der Feuergase geschützt werden (Fig. 7).

Die stärkste Dampfbildung erfolgt über der Feuerplatte. Der Kesselstein lagert sich daher hauptsächlich auf dieser ab und gibt zu Wärmestauungen und evtl. zu Ausbeulungen Anlaß[2]). Hierzu trägt auch der von den Seiten absplitternde Kesselstein bei.

Der Kessel wird durch seitlich angenietete Tragpratzen unterstützt. Da beim einfachen Walzenkessel nur die Un-

[1]) Konische Schüsse kommen nur noch bei Walzenkesseln mit Längszügen vor, weil die Flamme, wenigstens im ersten Zug, nicht gegen die Blechkanten stoßen darf.

[2]) Vgl. auch II. Teil.

terseite geheizt wird, so sucht sich der Kessel zu krümmen, weshalb es empfehlenswert ist, die vordere oder hintere Stützung durch eine federnde Aufhängung zu ersetzen.

Der einfache Walzenkessel hat unter sämtlichen Kesselsystemen den größten Wasserraum und die größte Verdampfungsoberfläche, erfordert jedoch auch verhältnismäßig die größte Grundfläche. Außerdem besitzt er die größte ausstrahlende Oberfläche und weist deshalb einen bedeutenden Strahlungsverlust auf. Er wird heute fast

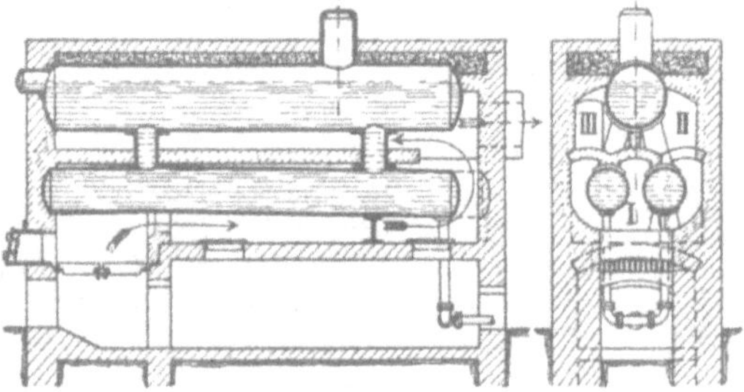

Fig. 21. Bouilleurkessel, bestehend aus einem Oberkessel und zwei Unterkesseln (Siedern).

nicht mehr angewendet. Einfache Walzenkessel kommen höchstens noch für ganz kleine Betriebe (bis ca. 20 qm Heizfläche) mit schlechtem Speisewasser in Betracht, wo in erster Linie auf bequeme Reinigung Rücksicht zu nehmen ist, sowie dort, wo es sich um die Verfeuerung geringwertigen Brennmaterials handelt. Der Walzenkessel gestattet nämlich, im Gegensatz zum Flammrohrkessel, die Unterbringung großer Rostflächen.

Um die Heizfläche und die Länge der Feuerzüge und damit auch die Wärmeausnützung zu vergrößern, wendet man mehrfache Walzenkessel an. Die einfachste Form des mehrfachen Walzenkessels besteht aus einem Ober- und einem Unterkessel. Man kann jedoch auch einen Oberkessel mit zwei Unterkesseln vereinigen, gemäß Fig. 21. Werden Ober- und Unterkessel in mehreren Reihen neben- und übereinander angeordnet, so erhält man die sog. Batterie- oder Etagenkessel (Fig. 22). Hierbei können zur Erzielung einer besseren Wärmeausnützung noch Quersieder[1]) oder Tenbrink-Vorlagen[2]) zur Anwendung kommen.

Bei den mehrfachen Walzenkesseln ist darauf zu achten, daß die Verbindungsstutzen zwischen den Ober- und Unterkesseln genügend weit gewählt werden und daß sich in den Unterkesseln keine Dampf- bzw. Luftsäcke bilden können, da dieselben ein intensives Rosten der betreffenden Kesselteile zur Folge haben. Man gibt deshalb den Unterkesseln nach den Stutzen hin eine entsprechende Steigung, damit die Luftblasen in die Oberkessel aufsteigen und mit dem Dampf abziehen können.

Die einzelnen Zylinderkessel sind durch mindestens zwei, bei größerer Länge drei Stutzen miteinander zu verbinden, wie die Fig. 21 bzw. 22 erkennen lassen. Die früher so beliebte Gegenstromanordnung gemäß Fig. 23 ist heute nicht mehr üblich. Die Verbindung der einzelnen Kesselelemente durch je einen einzigen, abwechselnd vorn und hinten sitzenden Stutzen und die Einführung des Speisewassers in das unterste Kesselende hätte zwar den Vorteil, daß sich Wasser und Heizgase im Gegenstrom bewegen. Jedoch besitzt diese Anordnung den großen Nachteil, daß kein Wasserumlauf vorhanden ist[3]), daß sich an den unteren kalten Kesselpartien der in den Heizgasen enthaltene Wasserdampf niederschlägt und Korrosionen verursacht, sowie daß der Dampf sehr naß ist.

---

[1]) Vgl. auch S. 55 und 104.

[2]) Näheres über Tenbrink-Kessel findet sich S. 129.

[3]) Hinsichtlich der Bedeutung des Wasserumlaufs sei auf die Ausführungen S. 77 und 113 sowie auf diejenigen im II. Teil verwiesen.

Für gewöhnlich befindet sich die Feuerung unter den Oberkesseln. Die Heizgase gelangen daher erst an diese und werden dann in der Regel gemäß Fig. 22 durch senkrechte Mauerzungen in auf- und absteigenden Zügen nach hinten geführt. Die Unterkessel tragen hier auch den Namen Vorwärmer. In den letzteren wird nämlich das Wasser vorgewärmt, wobei sich ein großer Teil der Kessel-

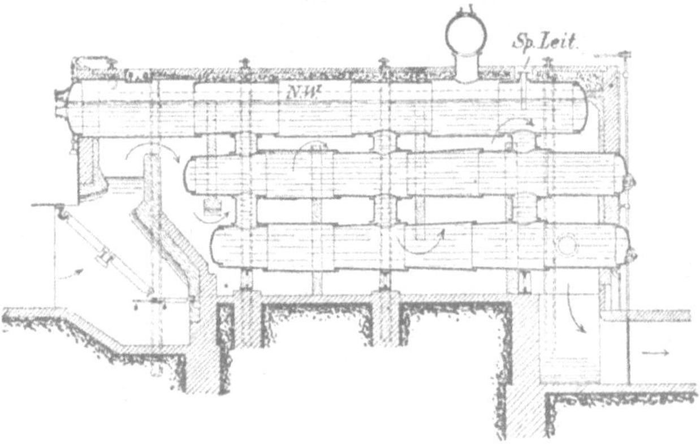

Fig. 22. Batteriekessel mit Schrägrostfeuerung, quer liegendem Dampfsammler und auf- und absteigenden Zügen.

steinbildner ausscheidet, ohne die Feuerplatten der Oberkessel zu gefährden.

Bei dem in Fig. 21 dargestellten sog. Bouilleurkessel befindet sich der Rost unter den Unterkesseln, weshalb diese hier den Namen Sieder führen. Da die Dampferzeugung hauptsächlich in den Siedern erfolgt, so müssen die Dampfblasen einen weiteren Weg zurücklegen, als wenn die Dampfentwicklung vorwiegend im Oberkessel stattfindet. Der Dampf wird daher weniger trocken sein als im letzteren Fall. Die Anordnung des Rostes unter den Oberkesseln ist deshalb zu bevorzugen.

Die Länge der einzelnen Zylinderkessel richtet sich nach der verlangten Heizfläche und nach dem verfügbaren Platz. Gewöhnlich geht man nicht über Längen von 10 bis 12 m hinaus. Der Durchmesser der Zylinder richtet sich nach der Dampfspannung und dem spezifischen Wasserraum. Je größer der letztere gewünscht wird und je

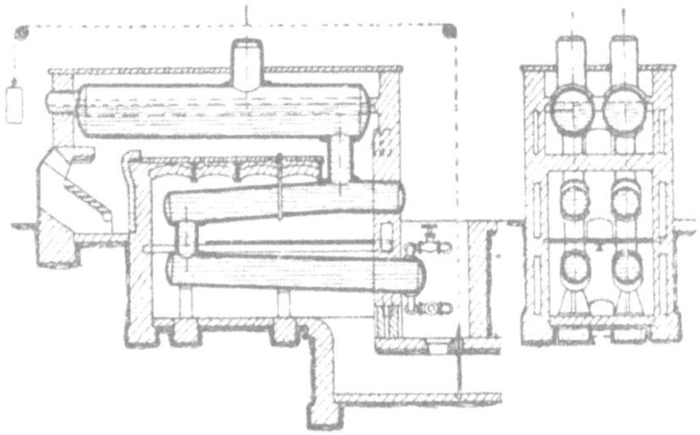

Fig. 23. Batteriekessel, bestehend aus zwei Oberkesseln und vier Vorwärmern (Gegenstromanordnung, heute nicht mehr üblich).

kleiner die Dampfspannung ist, desto größer kann der Durchmesser gewählt werden. Jedoch geht man gewöhnlich nicht über 1,5 m hinaus. Andererseits geht man auch nicht unter etwa 0,6 m herab, weil sonst der Kessel nicht mehr gut befahrbar ist.

Auch der mehrfache Walzenkessel kommt heute nur noch verhältnismäßig selten zur Anwendung. Seine Vorzüge bestehen in seinem großen Wasserraum und seiner leichten Befahrbarkeit. Er eignet sich daher für Betriebe mit stark wechselnder Dampfentnahme sowie — wenn keine Tenbrink-Vorlage vorhanden ist — für Betriebe mit schlechtem Speisewasser und geringwertigem Brennmaterial. Allerdings macht der große Wasserraum den Walzenkessel dort ungeeignet, wo auf schnelles Anheizen Wert gelegt wird, oder wo längere Betriebspausen vorkommen, da im letzteren Fall ein erheblicher Kohlenaufwand zum Anheizen nötig ist. Gegenüber den Flammrohrkesseln und den übrigen Kesselsystemen hat der mehrfache Walzenkessel den Nachteil einer großen Außenfläche des Mauerwerks. Es ist deshalb der Strahlungsverlust ein großer, weil — populär ausgedrückt — viel Mauerwerk geheizt werden muß. Dagegen hat der mehrfache Walzenkessel gegenüber dem Flammrohrkessel den Vorzug, daß er sich, mit Rücksicht auf seine mäßigen Zylinderdurchmesser, für die heute üblichen hohen Dampfspannungen anwenden läßt, ohne daß sich zu große Blechstärken ergeben. Wenn allerdings Tenbrink-Vorlagen verwendet werden, so tritt hinsichtlich der Dampfspannung dieselbe Beschränkung ein, wie bei Flammrohrkesseln[1]).

2. Flammrohrkessel.

Die Flammrohrkessel stellen das am häufigsten angewendete Kesselsystem dar. Sie sind englischen Ursprungs, Man unterscheidet Einflammrohr- oder Cornwallkessel, Zweiflammrohr- oder Lancashirekessel und Dreiflammrohrkessel. Letztere sind nur selten im Gebrauch.

Bei den Flammrohrkesseln (Fig. 24) wird der Wasserraum seiner ganzen Länge nach von einem oder zwei, seltener drei Flammrohren durchzogen. Die Feuerung befindet sich in der Regel in den Flammrohren, welche stets den ersten Zug des Dampfkessels bilden. Die weitere Führung der Heizgase geschieht am Kesselmantel entlang und

---

[1]) Vgl. S. 102.

von da zum Fuchs. Die früher beliebte Anordnung von Oberzügen ist heute nicht mehr im Gebrauch, zumal Oberzüge wirtschaftlich nichts einbringen.

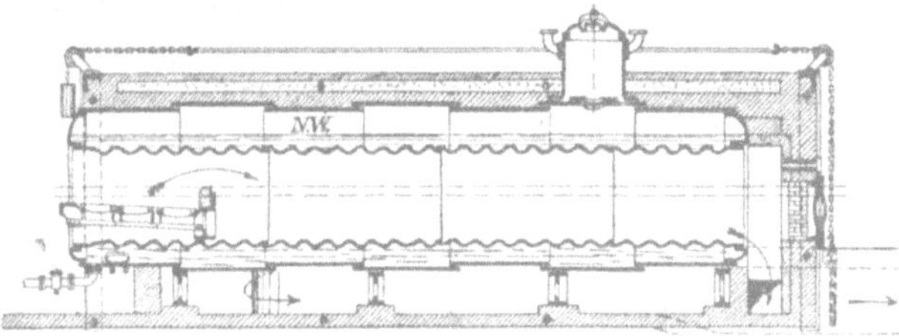

Fig. 24. Flammrohrkessel mit gewelltem Flammrohr.

Infolge der Innenfeuerung findet der Hauptwärmeübergang in den Flammrohren statt. Man kann etwa annehmen, daß im Flammrohr 70—75% der gesamten nutzbaren Wärme übergehen. Dies bedingt geringere Strahlungsverluste der Flammrohrkessel bzw. eine wesentlich bessere Wärmeausnützung als bei den Walzen- und Batteriekesseln.

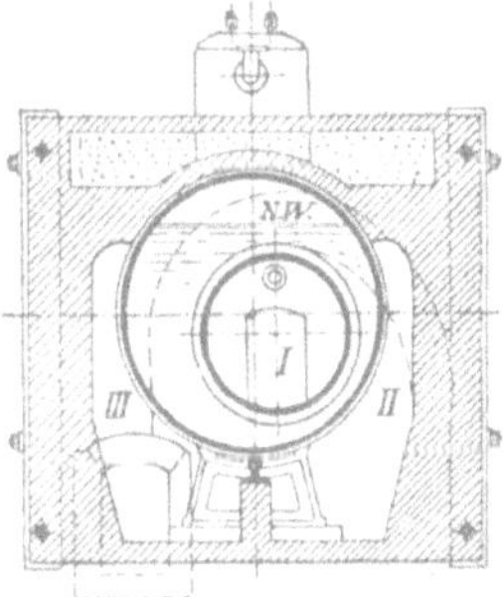

Fig. 25. Querschnitt durch einen Einflammrohrkessel.

Der Wasserraum der Flammrohrkessel ist zwar nicht so groß wie derjenige der Walzenkessel, jedoch immer noch so reichlich, daß der Flammrohrkessel zu den Großwasserraumkesseln gezählt wird. Mit dem geringeren Wasserraum bzw. der verhältnismäßig größeren Heizfläche hängt es zusammen, daß der Flammrohrkessel leichter anzuheizen ist und rascher Dampf entwickelt als der Walzenkessel.

Den Vorzug großer Verdampfungsoberfläche und daher trockenen Dampfes hat der Flammrohrkessel mit dem Walzenkessel gemein. Als Nachteil des Flammrohrkessels ist die Beschränkung in der Größe der Rostfläche anzuführen. Wenn man nämlich mit der Rostgröße über ein gewisses Maß hinausgeht, so bekommt man sehr große Flammrohrdurchmesser und Mäntel, was bei höheren Dampfspannungen zu sehr schweren und teuren Kesseln führt.

Flammrohrkessel eignen sich daher in erster Linie für hochwertiges Brennmaterial. Bei Verfeuerung minderwertigen Brennmaterials ist schon mit Rücksicht auf die Unterbringung der erforderlichen großen Rostfläche eine Vorfeuerung notwendig. Dieselbe hat den Nachteil größerer Strahlungsverluste. Auch wird der Kessel dadurch teurer. Jedoch ist gemäß früher die Verbrennung eine bessere.

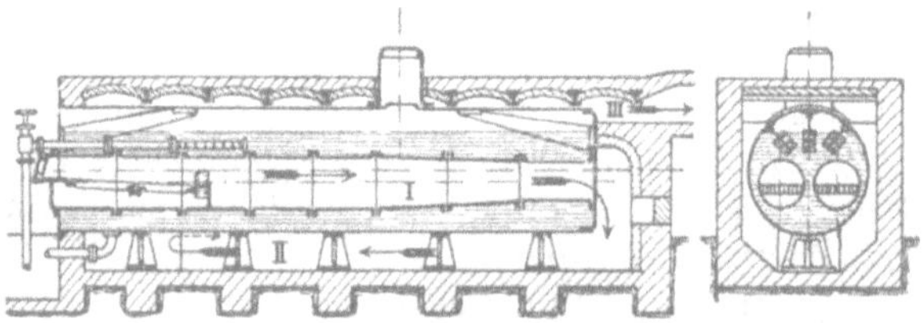

Fig. 26. Längs- und Querschnitt durch einen Zweiflammrohrkessel.

Bei der Konstruktion der Flammrohrkessel muß darauf Rücksicht genommen werden, daß sich die einzelnen Kesselteile verschieden stark ausdehnen. Das Flammrohr nimmt im Betrieb wesentlich höhere Temperaturen an als der Kesselmantel, weshalb es eine möglichst große Nachgiebigkeit in der Längsachse besitzen muß, da andernfalls Undichtheiten in den Nietnähten eintreten, insbesondere wenn der Kessel öfters frisch angefeuert wird. Andererseits ist infolge der Beanspruchung des Flammrohrs auf äußeren Druck für eine wirksame Versteifung desselben zu sorgen, da es sonst für höhere Dampfspannungen nicht geeignet ist. Weiter ist zu beachten, daß im Flammrohr eine möglichst gute Durchwirbelung der Heizgase stattfinden soll, da sonst der heiße Kern derselben nicht mit den Wandungen des Flammrohrs in Berührung kommt.

Diese Forderungen erfüllt am besten das gewellte Flammrohr, Fig. 24, wenigstens bezüglich der Längselastizität und der Quersteifigkeit, weshalb das gewellte Flammrohr heute fast ausschließlich angewendet wird. Glatte Flammrohre, welche nach Art der Fig. 26 aus einzelnen Schüssen zusammengesetzt sind, kommen heute höchstens noch in England zur Anwendung, woselbst auch noch die ebenen Kesselböden zum Teil im Gebrauch sind. In Deutschland wendet man heute ausschließlich gewölbte Böden an, und zwar neuerdings gern in der Form von Kropfböden; vgl. „Stahl und Eisen" 1916, S. 111. Kropfböden haben den Vorteil einer weniger hohen Aushalsung und einer besseren Kühlung des Flammrohrs, da es hier nicht vorkommen kann, daß sich der Raum zwischen Flammrohr und Aushalsung mit Kesselstein zusetzt.

Beim Einflammrohrkessel legt man meist das Flammrohr etwas seitlich vom Kesselmittel, wie Fig. 25 zeigt. Man gewinnt dadurch an Raum zum Befahren bzw. Reinigen des Kessels und erreicht zudem einen besseren Wasserumlauf[1]).

Was die Ablagerung von Kesselstein betrifft, so erfolgt dieselbe vorwiegend auf den oberen Teilen des Flammrohrs,

---

[1]) Künstliche Mittel zur Erzielung eines besseren Wasserumlaufs, wie z. B. die Dubiausche Rohrpumpe, haben sich nicht bewährt.

und zwar hauptsächlich gegenüber dem Feuerherd. Dies ist jedoch hier weniger bedenklich als beim Walzenkessel, da der Stein meist infolge von Wärmedehnungen absplittert und sich alsdann auf dem tiefsten Punkt der Mantelheizfläche, d. h. an unschädlicher Stelle sammelt[1]).

Der Kessel erhält etwas Fall von hinten nach vorn, um ihn vollständig entwässern zu können. Die Unterstützung des Kessels geschieht durch Kesselstühle. Die Einführung des Speisewassers erfolgt heute meist hinten, und zwar mündet das Zuführungsrohr etwa 50—100 mm unterhalb des niedrigsten Wasserstandes aus.

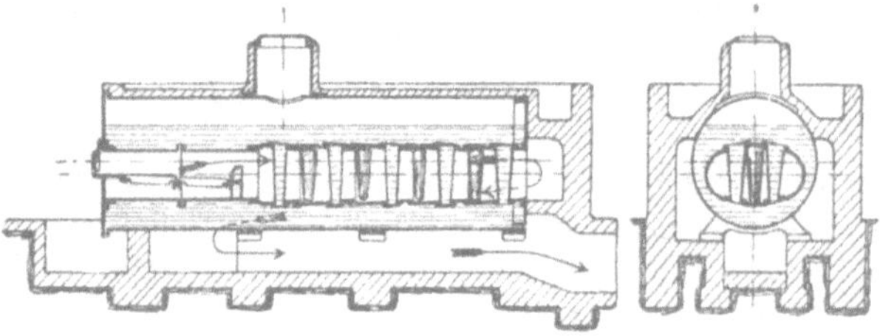

Fig. 27. Original-Galloway-Kessel (heute kaum mehr gebräuchlich).

Der Einbau des Überhitzers findet im zweiten Zug, d. h. hinter dem Flammrohr statt, und zwar derart, daß mittels Regulierklappen ein Teil der Heizgase direkt nach dem Kesselmantel abgelenkt werden kann (vgl. S. 20).

Um die Verdampfungsfähigkeit des Flammrohrs zu erhöhen, werden von manchen Firmen Quersieder und Galloway-Röhren verwendet. Die Anordnung eines Quersieders in dem vorn erweiterten Flammrohr (Fig. 15) ermöglicht zwar eine sehr gute Ausnützung des Brennstoffs[2]) hat jedoch den Nachteil, daß der große Durchmesser des

[1]) Vgl. auch II. Teil.

[2]) Vgl. das auf S. 55 über die Tenbrink-Feuerung Ausgeführte.

Flammrohrs und des Mantels große Wandstärken und damit teure Kessel ergibt. Auch brennt in dem Quersieder der Schlamm leicht fest.

Bezüglich des Anwendungsgebietes des Flammohrkessels sei auf die Ausführungen im II. Teil verwiesen.

3. Heizröhrenkessel.

Beim Heiz- oder Rauchröhrenkessel (Fig. 28) wird der Wasserraum von einer größeren Anzahl kleiner Rauchrohre durchzogen. Die Heizgase durchströmen das Innere der Rohre, während deren Außenwand vom Wasser umspült wird.

Die Vorteile der Heizröhrenkessel bestehen in ihrer raschen Betriebsbereitschaft sowie in der Möglichkeit der Erzielung großer Heizflächen bei geringem Raumbedarf. In Verbindung mit Flammrohren bzw. Feuerbüchsen haben die Heizröhrenkessel den Vorteil guter Wärmeausnützung. Des weiteren besitzen die Heizröhrenkessel infolge ihres geringen Wasser- und Dampfinhalts den Vorzug, daß sie beim Unterbrechen des Betriebes geringere Abkühlungsverluste erleiden als Großwasserraumkessel. Allerdings hat der geringe Wasserraum zur Folge, daß der Heizröhrenkessel für Betriebe mit stark schwankender Dampfentnahme ungeeignet ist.

Als Nachteile der Heizröhrenkessel sind zu nennen ihre Empfindlichkeit gegen Kesselstein, die schwierige Reinigung ihrer Rohre, sowie ihre verhältnismäßig kleine Wasseroberfläche. Sie lassen sich außerdem wenig forcieren, weil die Rohre an den Einwalzstellen leicht lecken und weil der Zugquerschnitt der Rohre verhältnismäßig klein ist. Infolge ihrer Empfindlichkeit gegen Kesselstein eignen sich Heizröhrenkessel nur für weiches Speisewasser. Speziell bei den Heizröhrenkesseln mit Unterfeuerung

(Fig. 28) kommt noch in Betracht, daß Schlamm und Kesselstein sich hauptsächlich auf der am meisten angestrengten Feuerplatte absetzen (vgl. S. 95).

Die Befestigung der Rohre in den Rohrwänden bzw. Kesselböden erfolgt durch Einwalzen. Damit der Kessel befahren und die Reinigung der Rohre vorgenommen werden kann, ordnet man die Heizrohre in zwei Bündeln bzw. Gruppen an, welche einen Abstand von 300—400 mm voneinander haben. Um eine gute Wärmeausnützung zu

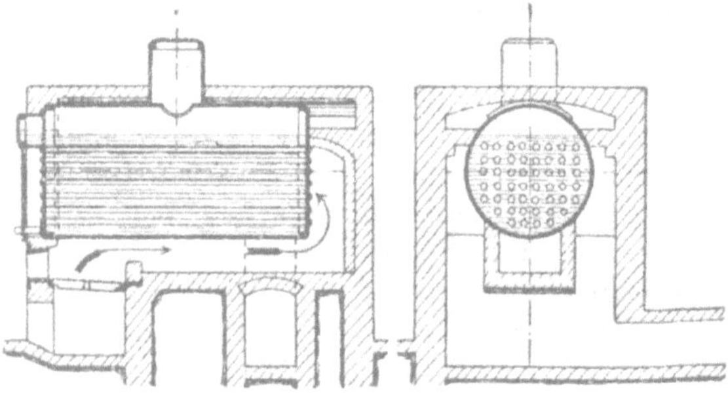

Fig. 28. Heizröhrenkessel mit ebenen Böden.

erzielen, wählt man möglichst viele und enge Rohre. Am gebräuchlichsten sind Rohre von 95 mm äußerem Durchmesser. Der Gesamtquerschnitt der Rohre soll mindestens $^1/_6$—$^1/_8$ der gesamten Rostfläche betragen. Die Anordnung der Rohre ist hierbei so zu wählen, daß die Dampfblasen ungehindert aufsteigen können und eine gründliche Reinigung der Rohre von Kesselstein möglich ist.

Bei ebenen Stirnböden, wie in Fig. 28, werden sämtliche Röhren gleich lang. Auch läßt sich das Einwalzen der Röhren besser durchführen als bei gewölbten Böden. Zwecks Verankerung der ebenen Böden wird eine entsprechende Anzahl von Röhren an beiden Enden mit Gewinde versehen und in die Kesselböden eingeschraubt. Bei größerem Manteldurchmesser wird noch eine besondere Verankerung im Dampfraum angeordnet.

Die Zugführung bzw. die übliche Art der Einmauerung erfolgt derart, daß die Heizgase zuerst unter dem Kesselmantel hinziehen, dann durch die Rohre zurückströmen und zuletzt durch zwei Seitenzüge nach dem Schornstein entweichen. Das Röhrenbündel liegt sonach im zweiten Zug und ist der Einwirkung der direkten Flammen entzogen, was für die Schonung der Einwalzstellen der Rauchrohre sehr wichtig ist. Aus letzterem Grund führt man bei großen Kesseln die Gase bisweilen erst durch den Unterzug, dann durch zwei Seitenzüge zurück und endlich durch die Rohre wieder nach hinten, so daß letztere im dritten Zug liegen.

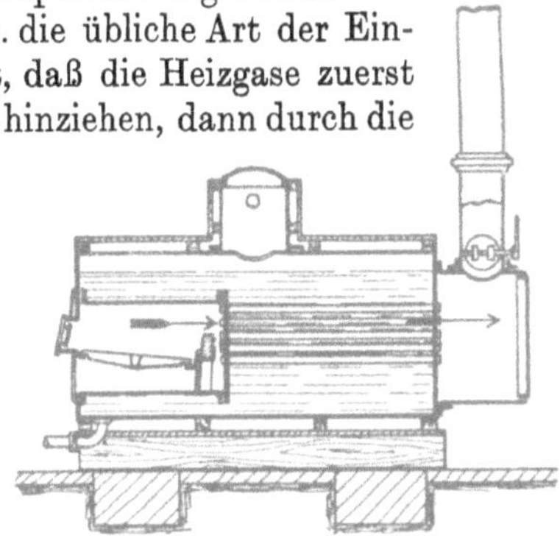

Fig. 29. Stationärer Lokomobilkessel.

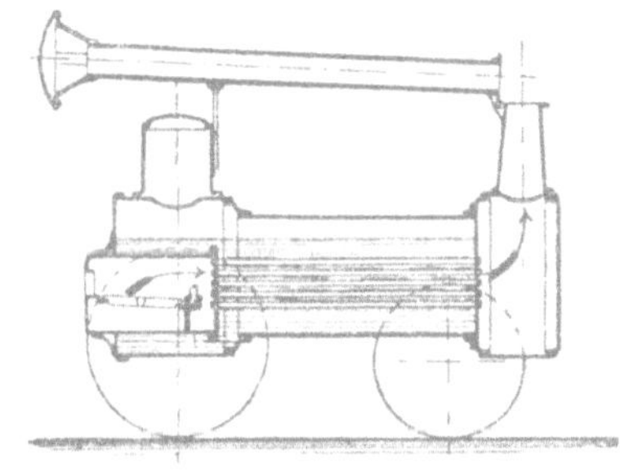

Fig. 30. Fahrbarer Lokomobilkessel.

Der reine Heizröhrenkessel wird heute fast nicht mehr angewendet. Am häufigsten gelangt der Heizröhrenkessel für Lokomobilen und Lokomotiven zur Anwendung (Fig. 29—31). Er ist hier in der Regel mit einer Innenfeuerung ausgerüstet.

Die Rauchrohre liegen demnach im ersten Zug. Der Überhitzer ist in die Rauchkammer hinter den Rauchröhren eingebaut. Vom Überhitzer aus gehen die Gase direkt nach dem Schornstein. Auf die Mantelheizfläche wird sonach hier ganz verzichtet[1]).

Der Rost ist bei Lokomobil- und Lokomotivkesseln in der sog. Feuerbüchse bzw. Feuerkiste untergebracht, an welche die Rauchröhren anschließen. Nur bei stationären

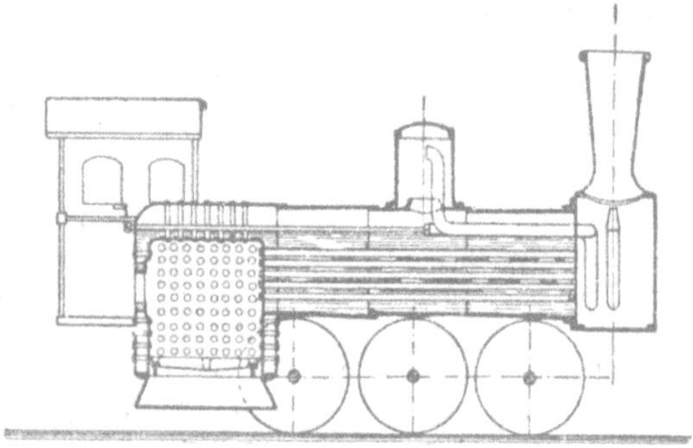

Fig. 31. Lokomotivkessel.

Lokomobilen kommen für minderwertige Brennstoffe Vorfeuerungen zur Anwendung. Die Feuerbüchse besteht in der Regel aus einem Wellrohr, seltener aus einer kubischen Feuerkiste. Zylindrische Feuerbüchsen und ebene Böden, wie sie in den Fig. 29 u. 30 dargestellt sind, kommen heute — wenigstens in Deutschland — nicht mehr zur Anwendung.

In der Regel ist bei Lokomobilen zwecks bequemer Reinigung von Kesselstein das ganze Rohrsystem samt

[1]) Man wendete früher den Unterzug vor allem mit Rücksicht auf die gleichmäßigere Ausdehnung des Kessels an. Die Nachteile waren jedoch: Einsaugen von Luft durch die Fugen, Wasseransammlungen, Anrosten des Mantels.

der Feuerbüchse ausziehbar angeordnet. Feuerbüchse und Heizröhrenbündel werden zu diesem Zweck nicht mit dem Kessel vernietet, sondern verschraubt.

Die Kessel von Lokomotiven werden durch eine Luftschicht, und diejenigen von Lokomobilen noch durch Kieselgur oder Korksteine sowie Asbestplatten gegen Wärmeausstrahlung isoliert und von einem Blechmantel umgeben. Infolge dieser sehr wirksamen Isolierung und der verhältnismäßig kleinen Oberflächen sind die Verluste durch Wärmeausstrahlung bei kleinen Lokomobilen etwas geringer als bei stationären Kesselanlagen. Bei größeren Einheiten dagegen verhält es sich umgekehrt, da die Stärke der Isolierschicht nicht proportional mit dem Kessel wachsen kann. Zudem ist zu berücksichtigen, daß bei größeren stationären Kesselanlagen, wo mehrere Kessel nebeneinander aufgestellt sind, die Ausstrahlung des einzelnen Kessels an sich eine geringere ist.

Auf die Kombination des Heizröhrenkessels mit Flammrohrkesseln und Walzenkesseln soll unter Ziffer 5 eingegangen werden.

4. Wasserrohrkessel[1]).

Der heute sehr beliebte Wasserrohrkessel (Fig. 32 bis 35) besteht aus dem eigentlichen Dampferzeuger, d. i. eine größere Anzahl flußeiserner Röhren, welche innen von Wasser erfüllt und außen von den Heizgasen umspült werden, und dem walzenförmigen Oberkessel. Er ist insbesondere dort am Platz, wo auf beschränktem Raum große Heizflächen unterzubringen sind, sowie dort, wo es sich um hohe Dampfspannungen handelt. Für hohe Dampfdrücke ist nämlich der Wasserrohrkessel besonders

[1]) Der erste brauchbare Wasserrohrkessel wurde im Jahre 1840 von dem Maschinenfabrikanten Dr. Alban zu Plau in Mecklenburg erfunden.

geeignet, weil seine Röhren geringen Durchmesser besitzen, nur durch inneren Druck beansprucht werden und deshalb sehr widerstandsfähig sind.

Außer den Vorteilen, welche in der geringen Raumbeanspruchung und der Anwendung hoher Dampfspannungen liegen, hat der Wasserrohrkessel noch den Vorzug kurzer Anheizdauer bzw. rascher Betriebsbereitschaft, da er infolge seines kleinen Wasserraums und seines für gewöhnlich sehr guten Wasserumlaufs eine schnelle Dampfentwicklung gestattet. Zudem erleidet er in den Betriebspausen geringere Abkühlungsverluste als Großwasserraumkessel. Diese beiden Eigenschaften sind insbesondere für Reserveanlagen und solche Anlagen von großem Wert, die nur in kurzen Zeitabschnitten betrieben werden.

Allerdings bedingt der geringe Wasservorrat den Nachteil einer geringen Wärmereserve und eines kleinen Verdampfungsspiegels. Der geringe Wasserinhalt macht den Wasserrohrkessel für stark wechselnde Betriebe mit plötzlichen größeren Dampfentnahmen weniger geeignet, während der kleine Verdampfungsspiegel im Verein mit dem langen und komplizierten Wege der Dampfbläschen die Ursache bildet, weshalb der Wasserrohrkessel, insbesondere bei hoher Beanspruchung, mehr oder weniger nassen Dampf liefert. Allerdings spielt die Trockenheit des Dampfes seit der Einführung der Überhitzung nicht mehr die Rolle, wie früher beim Sattdampfbetrieb, da der Überhitzer gewissermaßen als Nachverdampfer und Dampftrockner wirkt.

Um die Dampfspannung auch bei Betrieben mit stark wechselnder Dampfentnahme, wie z. B. Brauereien, Papierfabriken usw., möglichst konstant halten zu können, führt man den Wasserrohrkessel mit besonders großem Wasserraum aus, indem man ihn mit reichlich bemessenen

Wasserkammern und vor allem mit großen Oberkesseln ausrüstet. Je wechselnder die Dampfentnahme ist, um so größer werden in der Regel die Oberkessel gewählt, wobei für große Heizflächen auch zwei Oberkessel angewendet werden. Man kommt so auf Wasserräume, welche fast so

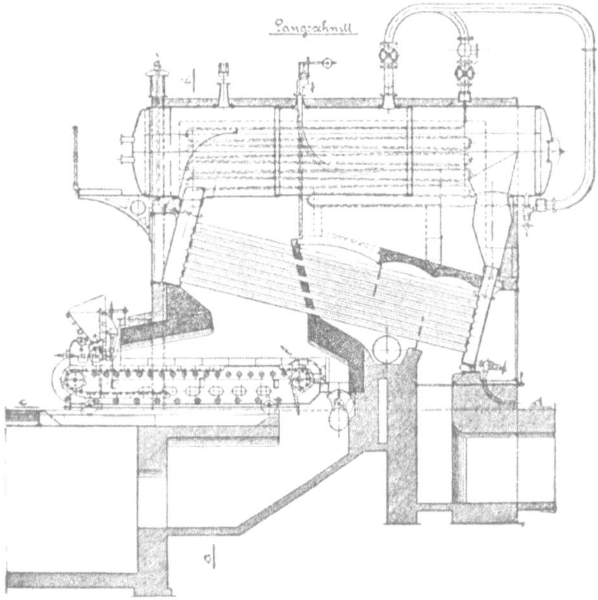

Fig. 32. Hochleistungs-Wasserrohrkessel mit Kettenrostfeuerung und seitlichem Überhitzer von J. Piedboeuf.

groß, bei Konstruktionen nach Fig. 33 sogar größer sind als beim Flammrohr-Heizröhren-Kessel[1]), allerdings bei weitem noch nicht so groß wie beim Flammrohrkessel.

[1]) Vgl. S. 126.

Gleichzeitig erreicht man durch reichlich bemessene Oberkessel eine größere Verdampfungsoberfläche bzw. eine geringere Dampfnässe, wenn auch diesem Umstand, gemäß oben, nicht mehr die Bedeutung beizulegen ist wie früher.

Der Wasserrohrkessel eignet sich ebenso wie der Walzenkessel für geringwertiges Brennmaterial, da er infolge seiner Unterfeuerung die Unterbringung großer Rostflächen gestattet.

Ein Nachteil des Wasserrohrkessels besteht in seiner Empfindlichkeit gegen hartes Speisewasser (Krummziehen, Aufweiten, Aufreißen der Röhren). Da andererseits die Reinigung der Röhren von angesetztem Kesselstein ziemlich zeitraubend ist, indem für jedes Rohr ein Verschlußdeckel geöffnet werden muß, so sollte man bei Wasserrohrkesseln stets eine Wasserreinigung vorsehen, sofern das vorhandene Speisewasser nicht von ganz tadelloser Beschaffenheit ist. Speziell bei den sog. Hochleistungskesseln sollte man nur mit Kondensat speisen, denn Wasserreiniger funktionieren nicht immer vollkommen, insbesondere dann nicht, wenn die Zusammensetzung des Speisewassers wechselt. Vgl. II. Teil. Naturgemäß ist zu verlangen, daß bei Speisung mit Kondensat das letztere ölfrei ist. Sie eignen sich daher nur für Dampfturbinenkraftwerke. Das hierbei erforderliche Zusatzwasser ist ebenfalls zu reinigen.

An dieser Stelle sei noch eines Vorteils der Wasserröhrenkessel gedacht. Derselbe besteht in dem geringen Gewicht der einzelnen Konstruktionsteile, aus denen sich der Kessel zusammensetzt. Für Gegenden mit schlechten Verkehrswegen ist der hierdurch bedingte erleichterte Transport von größter Wichtigkeit. Für Gebirgsländer und Gegenden, wo als Transportmittel nur Lasttiere in

Frage kommen, ist der Wasserrohrkessel der einzig geeignete.

Es gibt eine große Anzahl verschiedener Systeme von Wasserrohrkesseln. Je nach Form und Lage der Röhren unterscheidet man Wasserrohrkessel mit geraden und gebogenen Röhren, sowie solche mit geneigten und senkrechten Röhren. Horizontale Anordnung der Röhren ist zu vermeiden, da hierbei der Dampf schlecht abziehen kann und somit die Ausbildung einer natürlichen Umlaufbewegung des Wassers im Kessel gehindert wird. Eine flotte Wasserzirkulation ist aber aus verschiedenen Gründen wichtig. Einmal verbessert sie den Wärmedurchgang und erhöht damit die Leistungsfähigkeit sowie auch den Wirkungsgrad des Kessels, und zum andern verhindert sie das Auftreten von Wärmestauungen infolge zu langsamen Abfließens der Dampfblasen. Derartige Wärmestauungen können ein Überhitzen bzw. Erglühen der Röhren und damit ein Krummwerden und Herausziehen derselben aus den Einwalzstellen, sowie evtl. ein Aufweiten oder Aufreißen zur Folge haben[1]).

Weiterhin hat die Wasserzirkulation den Vorzug, daß sie das Ablagern von Schlamm und Kesselsteinsplittern, wenn auch nicht verhindert, so doch erschwert[2]), sowie daß sie ausgleichend auf die Temperatur der einzelnen Kesselteile einwirkt und so zur Verhütung von Materialspannungen und von Leckstellen infolge ungleichmäßiger Wärmedehnungen beiträgt. Kurz zusammengefaßt, durch eine flotte Wasserzirkulation wird die Haltbarkeit der Siederohre und ihrer Verbindungen erhöht[3]).

Kessel mit gebogenen Röhren werden insbesondere für

---

[1]) Vgl. II. Teil über die Folgen von Rohraufreißungen.
[2]) Vgl. auch II. Teil.
[3]) Vgl. auch das unter „Kesselexplosionen“ (II. Teil) bezüglich des Wasserumlaufs Ausgeführte.

Schiffe angewendet. Die gebogene Form der Röhren gestattet leicht Formänderungen, weshalb sie sich hauptsächlich für sehr schnelles Anheizen und starke Beanspruchung eignet.

Je nach der Verbindung der Wasserröhren unterscheidet man ferner:

1. Wasserrohrkessel ohne Wasserkammer,
2. Wasserrohrkessel mit einer Wasserkammer,
3. Wasserrohrkessel mit zwei Wasserkammern.

Die Wasserkammern verbinden die einzelnen Sioderohre unter sich und durch geeignete Stutzen mit dem Oberkessel. Die Befestigung der Rohre in den Wasserkammern erfolgt durch Einwalzen.

Die Art der Verbindung der Röhren beeinflußt vor allem die Wasserbewegung. Weiterhin ist dieselbe von Einfluß auf die Auswechselbarkeit der Röhren und auf den Feuchtigkeitsgehalt des Dampfes.

Zu den Wasserrohrkesseln ohne eigentliche Wasserkammer gehören die Kessel von Root, Belleville, Niclausse, Babcock & Wilcox und anderen. Der Hauptvertreter dieses Systems ist der sog. Sektionalkessel von Babcock & Wilcox. Die Wasserrohre sind hier an beiden Enden in schmiedeiserne, schlangenförmig gewundene Einzelkammern eingewalzt. Jede Einzelkammer steht durch ein besonderes Rohr mit dem Oberkessel in Verbindung. Die hinteren Einzelkammern sind unten an ein gemeinsames Querrohr, den Schlammsammler, angeschlossen. Die Speisung geschieht wie üblich in den Oberkessel, woselbst das Wasser vorgewärmt und von seinen hauptsächlichsten Unreinigkeiten befreit wird.

Zu den Wasserrohrkesseln mit einer Wasserkammer gehören die Konstruktionen von Alban, Dürr und Willmann. Der Hauptvertreter dieses Systems ist der Dürr-

Kessel. Die Wasserkammer ist hier durch eine Zwischenwand in eine vordere und eine hintere Hälfte geteilt. In den eigentlichen Wasserrohren befinden sich engere Einhängerohre, welche in der Zwischenwand befestigt sind. Das vorne in den Oberkessel eingespeiste Wasser tritt in

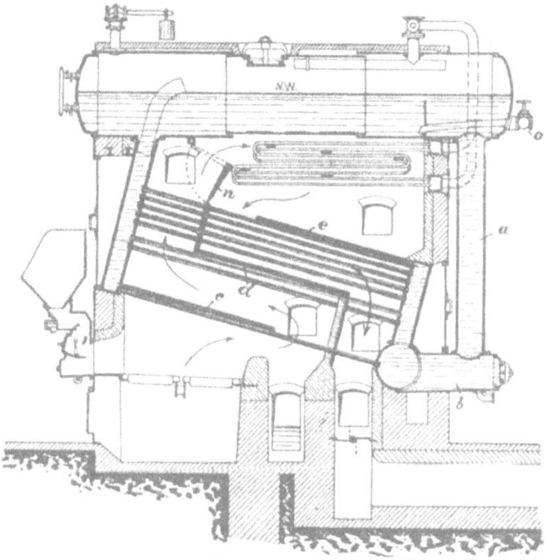

Fig. 33. Wasserrohrkessel mit Planrostfeuerung und Längszügen. (Zwischen Oberkessel und hinterer Wasserkammer sind zwecks Vergrößerung des Wasserinhalts besondere Kesselkörper a und b eingeschaltet.)

die vordere Hälfte der Wasserkammer. Von hier aus gelangt es durch die Füllrohre nach den einzelnen Siederohren und steigt in dem Raum zwischen diesen und den Füllrohren empor. Auf diesem Weg findet ein energischer Wärmeübergang statt. Das erwärmte Wasser samt dem entwickelten Dampf zieht nach dem hinteren Teil der Wasserkammer und steigt von hier aus nach dem Oberkessel empor.

Dem Vorteil der Einkammerkessel, daß sich das Rohrsystem unabhängig von dem Oberkessel ausdehnen kann, steht der Nachteil gegenüber, daß infolge der Umkehr des Wasserstroms beim Eintritt in die Sideröhren die Wasserzirkulation erheblich beeinträchtigt wird. Aus diesem Grunde verträgt dieses System bei weitem nicht die hohe Beanspruchung wie ein moderner Zweikammerkessel. Weiterhin haben die Einkammerkessel infolge der schlechten Zugänglichkeit der Rohre den Nachteil schwieriger Reinigung. Und endlich kommen leicht Durchbrennungen der Siederohre infolge von Wärmestauungen vor, welch letztere dadurch entstehen, daß sich die Füllrohre aus ihrer zentralen Lage verschieben und die äußeren Rohre berühren, oder dadurch, daß eine schwache Krümmung der Siederohre eine Berührung mit den Füllrohren herbeiführt.

Die bei uns am häufigsten verwendeten Wasserrohrkessel sind diejenigen mit zwei Wasserkammern. Wasser- und Dampfweg sind hier in der natürlichsten Weise voneinander getrennt. Das Wasser wird hinten, oder in der Richtung nach hinten, in den Oberkessel eingespeist, tritt durch die hintere Wasserkammer, deren Anschlußstutzen zur Abhaltung des Schlammes meist mit einem in den Oberkessel hineinragenden Fortsatz versehen ist, in die Siederohre ein, durchströmt diese unter lebhafter Dampfbildung und gelangt samt den Dampfblasen in die vordere Wasserkammer.

Da in der vorderen Wasserkammer und deren Verbindungsstutzen mit dem Oberkessel ein Gemisch von Wasser und Dampf emporsteigen muß, so ist deren Querschnitt entsprechend reichlicher zu bemessen als derjenige der hinteren Wasserkammer. Aber auch der Querschnitt der letzteren, sowie derjenige ihres Verbindungsstutzens, soll möglichst reichlich gewählt werden, um den Wasserzufluß zu den unteren Röhren zu erleichtern. Denn die stärkste Verdampfung und die lebhafteste Wasserbewegung findet gerade in den unteren Röhren statt. Man ordnet deshalb bei Hochleistungskesseln nicht selten die unteren Röhren im Wasserumlauf vor den übrigen an, wie dies bei Fig. 33 der Fall ist.

Über die tatsächlichen Wassergeschwindigkeiten in den Rohren liegen nur wenig Erfahrungen vor. Versuche an einem normalen Wasserrohrkessel ergaben bei einer Beanspruchung von 24,85 kg pro Quadratmeter Heizfläche und Stunde folgende Geschwindigkeiten[1]:

in der 1. Rohrreihe	0,980 m Sek.
„ „ 2. „	0,597 „
„ „ 3. „	0,459 „
„ „ 4. „	0,328 „
„ „ 5. „	0,305 „
„ „ 6. „	0,275 „
„ „ 7. „	0,135 „
„ „ 8. „	0,033 „

Bei geringer Beanspruchung, sowie bei Kesseln mit mehr als 8 Rohrreihen übereinander wird die Geschwindigkeit in den oberen Rohren null oder negativ. Mit anderen Worten, das Wasser in diesen Rohren nimmt nicht an der Zirkulation teil, sondern läuft unter Umständen nach der hinteren Wasserkammer zurück.

Da die oberen Rohre zur Leistung des Kessels wenig beitragen, so ordnet man heute nicht mehr soviel Rohrreihen übereinander an wie früher, sondern macht das Röhrenbündel lieber entsprechend breiter. Während man früher bis zu 14 Rohrreihen übereinanderlegte, geht man

---

[1]) Vgl. Z. d. V. d. I. 1904, S. 379.

heute im allgemeinen nicht über 6 bis 10. Bei kleineren Heizflächen geht man unter Umständen auf 5—6 Rohrreihen herunter.

Was die Länge des Rohrbündels betrifft, so sollte man dieselbe nicht größer als etwa 5 m wählen, da die Rohrenden doch nicht mehr viel zur Dampfleistung beitragen und da zudem bei langen Röhren die Gefahr des Krummziehens eine größere ist. Bei neuzeitlichen Hochleistungskesseln liegt die Rohrlänge meist zwischen 3,2 und 5 m, je nach der Zahl der Rohrreihen.

Auch bei den Zweikammerkesseln hat man verschiedene Systeme zu unterscheiden, auf welche jedoch hier nicht näher eingegangen werden kann. Erwähnt seien nur die Kessel von Büttner, Gehre, Steinmüller, den Guilleaume-Werken und Göhrig & Leuchs.

Fig. 32 und 33 zeigen zwei Beispiele von Zweikammerkesseln. Die wasserberührte Heizfläche besteht aus dem Röhrenbündel, den beiden inneren Flächen der Wasserkammern und einem Teil des Oberkessels. Die Neigung des Röhrenbündels gegen die Horizontale beträgt ca. 12 bis 15°. Diese starke Neigung begünstigt den Abzug des Dampfes aus den Röhren und befördert somit den Wasserumlauf.

Die Wasserröhren sind vorne und hinten in die Wasserkammern eingewalzt. Am besten eignen sich nahtlose Röhren, da sie weit seltener aufreißen als geschweißte und auch nicht teurer kommen als diese. Die Wasserkammern sind geschweißt und bestehen aus Siemens-Martin-Flußeisen. Ihre ebenen Wände sind gegenseitig durch eingeschraubte und vernietete Stehbolzen versteift. Den Rohrmündungen gegenüber befinden sich kreisrunde Öffnungen zum Einwalzen und Reinigen der Rohre, welche mit Verschlüssen, und zwar Innenverschlüssen mit Klingeritabdichtung, versehen sind[1]). Von der früher bei Außenverschlüssen üblichen metallischen Abdichtung ist man heute ganz abgekommen, da dieselbe gegen Verletzungen sehr empfindlich ist.

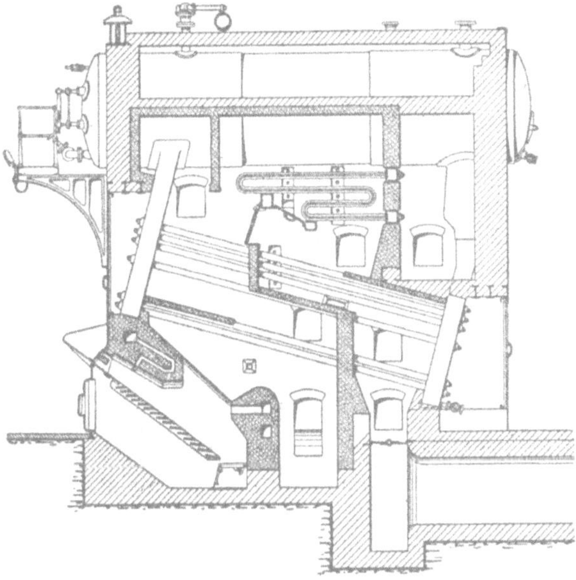

Fig. 34. Wasserrohrkessel mit Münchener Stufenrostfeuerung und regulierbarem Überhitzer (Maschinenfabrik Augsburg-Nürnberg).

Der Durchgangsquerschnitt an der engsten Stelle des Vorderstutzens beträgt etwa 40—50% des lichten Querschnitts des ganzen Rohrbündels, der Durchgangsquerschnitt des Hinterstutzens ca. 25%. Durch diese reichlichen Querschnittsabmessungen wird die Wasserzirku-

[1]) Die früher angewendeten Kupferringe wurden durch elektrische Ströme zerfressen. Bei der heute üblichen Klingeritdichtung werden einige ovale Löcher zum Einbringen der Verschlußdeckel vorgesehen.

lation günstig beeinflußt. Um den Wasserumlauf noch weiter zu fördern, ordnet man oberhalb des Vorderstutzens ein gekrümmtes Leitblech an, welches den aufsteigenden Dampf- und Wasserstrom ohne Stoß in die Horizontale überleitet. Dadurch werden Wasserwirbelungen im Oberkessel, welche den Umlauf hemmen, verhindert. Bisweilen ordnet man auch Einrichtungen an, durch welche das aufsteigende Gemisch von Wasser und Dampf bis an den Wasserspiegel hochgeführt und dort der Dampf zum Austritt gebracht wird, während das Wasser in der Umlaufrichtung entweicht.

Um das Hineinreißen von Schlamm aus der Hinterkammer in das Röhrenbündel zu verhüten, ist unten an der Hinterkammer ein Schlammsack angeordnet. Dort sammelt sich der Schlamm nach und nach an und kann, ebenso wie aus dem Oberkessel, durch geeignete Ablaßorgane (am besten Ventile) auch während des Betriebes beseitigt werden.

Bei der Lagerung des Kessels ist auf die Wärmeausdehnungen Rücksicht zu nehmen. Es darf deshalb nur die eine Kammer fest gelagert werden. Um die andere möglichst beweglich zu machen, kann man das betreffende Kesselende an einer Rundeisenschlinge frei aufhängen oder die Kammer mittels Rollen- oder Pendellager abstützen.

Die Ausdehnung des Röhrenbündels beträgt unter normalen Verhältnissen nicht über 10 mm. Da sich auch der beheizte Oberkessel ausdehnt, so ist die Differenz der Ausdehnung zwischen Röhrenbündel und Oberkessel nur gering. Im übrigen wird die Ausdehnungsdifferenz des Röhrenbündels durch den langen hinteren Kammerstutzen elastisch und ohne Gefahr des Undichtwerdens aufgenommen.

Der Rost ist in Fig. 32 ein mechanischer Kettenrost, in Fig. 33 dagegen ein Planrost mit selbsttätigem Rostbeschicker. Die auf dem Rost entwickelten Heizgase streichen in vertikalen oder horizontalen Zügen durch das Röhrenbündel. In Fig. 32 werden die Gase vertikal geführt, und zwar sind die beiden ersten Züge, mit Rücksicht auf den schnellen Temperaturabfall der Gase, stark konisch verjüngt. Die beiden letzten Züge dagegen sind parallel, da hier der Unterschied in den Heizgastemperaturen nicht mehr so groß zu sein pflegt. Auf diese Weise soll eine ziemlich gleichmäßige, dauernd hohe Geschwindigkeit der Heizgase und damit ein günstiger Wärmeübergang[1]) und ein geringer Zugverlust innerhalb der Kesselzüge erreicht werden.

Fig. 33 zeigt Längszüge. Dieselben empfehlen sich überall dort, wo die örtlichen Verhältnisse es nicht gestatten, eine für das betreffende Brennmaterial geeignete Feuerung zu verwenden, bei der die Heizgase vollständig verbrannt sind, ehe sie in das Röhrenbündel eintreten. Dies trifft beispielsweise dann zu, wenn man bei Verfeuerung von Braunkohlen den Rost nicht tief genug unter das Röhrenbündel legen kann, oder wenn man für eine langflammige Steinkohle, die sich wegen Absonderung flüssiger Schlacken und sonstiger unangenehmer Eigenschaften nicht zur Verfeuerung auf mechanischen Rosten eignet, einen Planrost verwenden muß. In solchen Fällen wird durch die Anordnung von Längszügen eine Art Nachverbrennungskammer geschaffen, da die Abkühlung der Heizgase durch die untere Rohrreihe relativ

[1]) Am Ende des ersten Zugs haben die Heizgase durchschnittlich 500—600° C. Da gemäß S. 77 bei ca. 500° C Rauchgastemperatur der Wärmeübergang durch Leitung ebenso groß ist wie derjenige durch Strahlung, so ist es zweckmäßig, wenn die Geschwindigkeit der Heizgase hinter dem ersten Zug möglichst groß ist.

gering ist. Wollte man hier Vertikalzüge anwenden, so hätte man in Anbetracht der zu frühen Abkühlung der Heizgase erhebliche Verluste durch unverbrannte Gase zu gewärtigen.

Ein Vorzug der Vertikalzüge gegenüber den Längszügen besteht in der besseren Wasserzirkulation und der gleichmäßigeren Beheizung des Röhrenbündels. Die bessere Wasserzirkulation ist dadurch bedingt, daß bei vertikaler Gasführung die Dampfblasen vorwiegend am vorderen Ende der Röhren entstehen und deshalb leichter nach der Wasserkammer entweichen, sowie dadurch, daß die Beanspruchung der einzelnen Rohrreihen infolge gleichmäßigerer Erwärmung derselben eine gleichmäßigere ist als bei Längszügen, wo die untersten Röhren die weitaus stärkste Beheizung erfahren. Es kommt deshalb bei Vertikalzügen weniger leicht vor, daß in den obersten Rohrreihen keine oder eine rückläufige Wasserbewegung vorhanden ist, und man kann aus diesem Grund mit der Gesamtbeanspruchung des Kessels höher gehen als bei Längszügen.

Der Überhitzer ist in Fig. 33 zwischen Oberkessel und Röhrenbündel angeordnet, in Fig. 32 dagegen liegt er in besonders gemauerten Taschen neben dem Oberkessel. Letztere Anordnung bezweckt, daß der Oberkessel jederzeit befahren und gegebenenfalls nachgestemmt werden kann, ohne den Überhitzer ausbauen zu müssen, sowie daß die Überhitzerschlangen bequem von der Kesseldecke aus nach unten abgeblasen werden können[1]).

Zur Regulierung der Überhitzung und zur Zugregelung am Kesselende dienen in Fig. 32 Drehklappen. Bei gro-

[1]) Auch gestattet die seitliche Anordnung des Überhitzers die Anwendung langer Überhitzerrohre und enger Zugquerschnitte. Je größer aber die Dampf- und Gasgeschwindigkeit ist, desto höhere Werte ergeben sich für die Wärmeübergangszahl k (vgl. S. 77).

ßer Kesselbreite werden die Klappenachsen am Kesselende parallel zur Kesselachse angeordnet und mehrere Klappen, sog. Jalousieklappen, gewählt, so daß die Gase gezwungen sind, die ganze Breite des Röhrenbündels bis an das Kesselende zu durchströmen, ehe sie vereinigt in den verhältnismäßig schmalen Fuchs eintreten. Bei einer einzigen Klappe entstehen in der Mitte tote Ecken im Gastrom. Auch verziehen und klemmen sich kleinere Klappen weniger leicht als eine große Klappe.

Bezüglich der größten zulässigen Beanspruchung von Wasserrohrkesseln ist festzustellen, daß dieselbe in erster Linie vom Wasserumlauf abhängt. Während ältere Systeme von Wasserrohrkesseln mit geringer Neigung der Rohre oder starker Verengung in den Kammerstutzen höchstens 15 kg Dampf pro Quadratmeter Heizfläche und Stunde zu liefern vermochten, kann man bei guten Wasserrohrkesseln moderner Bauart (Hochleistungskesseln) bis zu 30 kg Dampf und darüber erzeugen, ohne befürchten zu müssen, daß an den Wasserrohren Beulen oder gar Aufreißungen eintreten. Bei Einkammerkesseln darf aus den oben angegebenen Gründen die Beanspruchung nicht über etwa 18 kg pro Quadratmeter und Stunde gesteigert werden, da andernfalls infolge des langsameren Wasserumlaufs Defekte an den Röhren eintreten. Wenn man die Kessel nur bis etwa 15 kg beansprucht, so werden Einkammerkessel ebensogut arbeiten, wie solche mit zwei Kammern.

Man ist heute bestrebt, Wasserrohrkessel ohne Rohrverschlüsse bzw. ohne Kammern zu bauen. Letztere haben nämlich den Nachteil, daß sie große Wandstärken erfordern, durch Stehbolzen versteift werden müssen und eine sehr sorgfältige und zeitraubende Schweißarbeit bedingen. Die Kammern mit ihren zahlreichen Rohrverschlüssen kommen daher in der Herstellung sehr teuer und bieten doch nur wenig Heizfläche.

Bei den seit einigen Jahren zur Einführung gekommenen Steilrohrkesseln, das sind Kessel mit senkrechten oder annähernd senkrechten Röhren, fallen die Kammern weg. Es ist hier besonders auf eine geregelte Wasser- und Dampfbewegung, sowie auf leichte Auswechselbarkeit der Rohre zu achten. Die Steilrohrkessel sind aus dem Bestreben hervorgegangen, einmal die teuren Kammern mit ihren Rohrverschlüssen zu vermeiden und zum andern den Platzbedarf der Kesselanlage auf ein Minimum zu beschränken, was insbesondere für Dampfturbinenkraftwerke wichtig ist, bei denen das Kesselhaus meist weit größer ausfällt als das Maschinenhaus.

Erwähnt seien hier nur die Kessel von Stirling, Garbe (Fig. 35) und Burkhardt.

Bezüglich des Kesselsteinansatzes hat der Steilrohrkessel nichts vor dem gewöhnlichen Wasserrohrkessel voraus. Nur daß bei ihm eine Nesterbildung ausgeschlossen ist, indem der absplitternde Kesselstein nach unten fällt. Ist der Stein allerdings zäh, so gibt er bei Temperaturveränderungen nach, ohne abzusplittern.

Moderne Hochleistungskessel beanspruchen so wenig Grundfläche, daß fast nur die Größe des Rostes für die Grundfläche bestimmend ist. Der Bau von Hochleistungskesseln ist vor allem eine Feuerungsfrage. An die Stelle der Handfeuerungen mußten mechanische Feuerungen treten. Diese, vor allem die Kettenrostfeuerung, setzen in der Größe der Rostflächen praktisch keine Grenzen. Die pro Quadratmeter Rostfläche zu verbrennende Kohlenmenge ist höchstens dadurch begrenzt, daß die Luftzufuhr Schwierigkniten macht. Hier bietet sich jedoch in der künstlichen Zugerzeugung ein Aushilfsmittel.

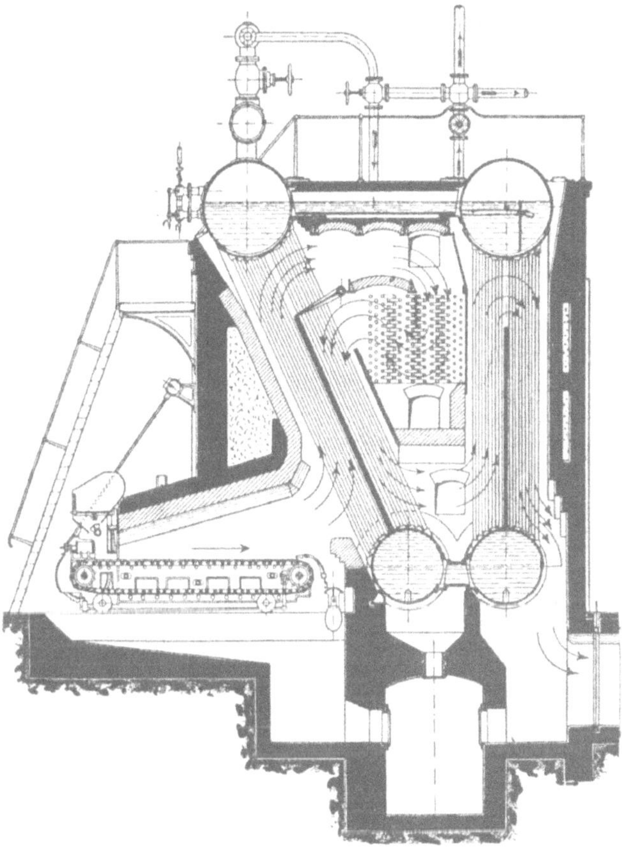

Fig. 35. Steilrohrkessel, System Garbe, mit Kettenrostfeuerung und regulierbarem Überhitzer (Elsäss. Maschinenbau-Gesellschaft).

Zum Schluß sei noch der Reparaturkosten gedacht. Dieselben fallen bei guten Wasserrohrkesseln auch nicht höher aus, als bei Großwasserraumkesseln. Wenn auch

Wasserrohrkessel häufiger reparaturbedürftig werden als Walzen- oder Flammrohrkessel, so ist doch zu berücksichtigen, daß es sich bei den Wasserrohrkesseln meistens nur um das Auswechseln schadhaft gewordener Röhren handelt, was mit geringem Geld- und Zeitaufwand zu bewerkstelligen ist. Der Umstand, daß Reparaturen bei Wasserrohrkesseln im allgemeinen wenig Zeit beanspruchen, ist speziell dort von Wichtigkeit, wo keine Reservekessel zur Verfügung stehen.

Bezüglich des Anwendungsgebietes der Wasserrohrkessel sei auf die Ausführungen im II. Teil verwiesen.

5. Kombinierte Kessel.

Die im vorstehenden besprochenen Kesselsysteme können in der verschiedensten Weise kombiniert werden. Durch die Kombination will man die Vorteile der einzelnen Kesselsysteme vereinigen und die Mängel nach Möglichkeit beseitigen.

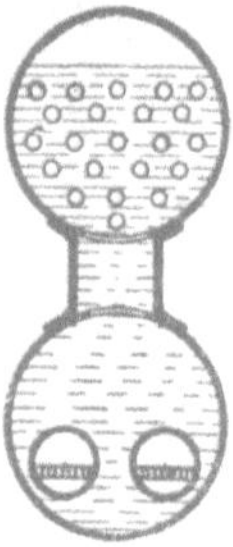

Fig. 36. Querschnitt durch einen Flammrohr-Heizröhrenkessel mit einem Dampfraum (Tischbein-Kessel).

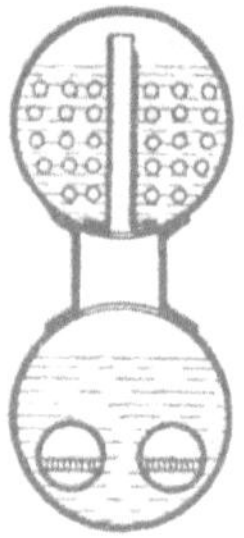

Fig. 37. Querschnitt durch einen Flammrohr - Heizröhrenkessel mit zwei Dampfräumen (Weinlich-Kessel).

Am häufigsten kommt die Kombination eines Flammrohrkessels mit einem darüberliegenden Heizröhrenkessel vor, wobei der Flammrohrkessel mit Rücksicht auf die Unterbringung der Rostfläche mit zwei oder drei Flammrohren ausgeführt wird (Fig.36—38). Die Heizgase durchziehen erst die Flammrohre, dann die Heizröhren und umspülen endlich die Kesselmäntel. Die Heizröhren liegen sonach im zweiten Zug und sind der direkten Einwirkung der Flammen entzogen[1]).

Der Flammrohr-Heizröhrenkessel, auch kurz kombinierter oder Doppelkessel genannt, besitzt bei geringer Raumbeanspruchung im Grundriß die Vorteile der Innenfeuerung und eines verhältnismäßig großen Wasserraums. Da trotz der Anordnung zweier Flammrohre das Verhältnis von Heizfläche zu Rostfläche größer ist als bei anderen Kesselsystemen, so erhält man eine lange Zugführung der Heizgase und damit eine sehr gute Wärmeausnützung.

Man unterscheidet Doppelkessel mit einem Dampfraum (Fig. 36) und solche mit zwei Dampfräumen (Fig.37). In der Regel werden die letzteren bevorzugt. Die Verbindung zwischen Unter- und Oberkessel erfolgt bei Kesseln mit zwei Dampfräumen am besten durch einen einzigen, genügend weiten Stutzen, welcher den Dampf aus dem Unterkessel durch ein aufgesetztes Rohr zum Dampfraum des Oberkessels führt. Damit nur der Oberkessel gespeist zu werden braucht, wird ein Überlaufrohr aus dem Wasserraum des Oberkessels nach dem Unterkessel angeordnet. Bei einem anderen System, welches von Dupuis herrührt und neuerdings immer mehr zur Einführung kommt, sind zwei Dampfräume und ein gemeinsamer Wasserraum vorgesehen (Fig. 38). Hier erfolgt die Beobachtung des Wasserstandes ausschließlich im Oberkessel. Die Schlamm- und Kesselsteinablagerung findet hauptsächlich im Unterkessel statt; ein Undichtwerden der Rohreinwalzstellen am hinteren Kesselboden ist daher nicht mehr so leicht möglich, wie früher[2]).

[1]) Vgl. auch S. 107.

[2]) Indem man nach dem Patent Dupuis den Wasserraum des Unterkessels am hinteren Ende mit demjenigen des Oberkessels verbindet, verhütet man gleichzeitig, daß der hintere Boden des Unterkessels zu stark erhitzt und eventuell rissig wird.

Der Doppelkessel hat in seiner normalen Ausführung den Nachteil, daß er infolge seiner beschränkten Rostfläche nur Beanspruchungen bis höchstens 19 kg/qm zuläßt. Ein Wasserrohrkessel in Verbindung mit einem Ekonomiser ergibt dieselbe bzw. eine bessere Wärmeausnützung und fällt mit Rücksicht darauf, daß er höhere

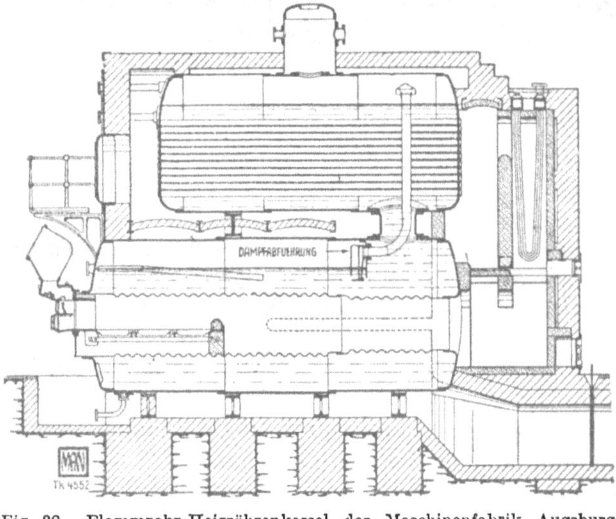

Fig. 38. Flammrohr-Heizröhrenkessel der Maschinenfabrik Augsburg-Nürnberg mit mechan. Rostbeschicker, regulierbarem Überhitzer und Dupuisscher Dampfabführungsvorrichtung.

Beanspruchungen als der Doppelkessel verträgt, in der Anschaffung billiger aus als dieser.

Speziell in Württemberg werden auch sog. Tenbrink-Kessel angewendet. Es sind dies Kombinationen eines beliebigen Kesselsystems mit einer Tenbrink-Vorlage. Am beliebtesten ist die in Fig. 39 dargestellte Kombination mit einem Walzenkessel nebst Unterkesseln. Die

Tenbrink-Vorlage besteht aus einem Zylinder, welcher von einem oder zwei Feuerrohren durchdrungen wird. Letztere sowie der Rost (Schrägrost) besitzen eine Neigung von ca. 45°. Die Tenbrink-Vorlage liegt quer unter den Oberkesseln bzw. vor den Unterkesseln und ist mit sämtlichen Kesseln durch Stutzen verbunden. Der in der Vorlage gebildete Dampf entweicht durch die Stutzen in die Oberkessel und erzeugt so einen guten Wasserumlauf.

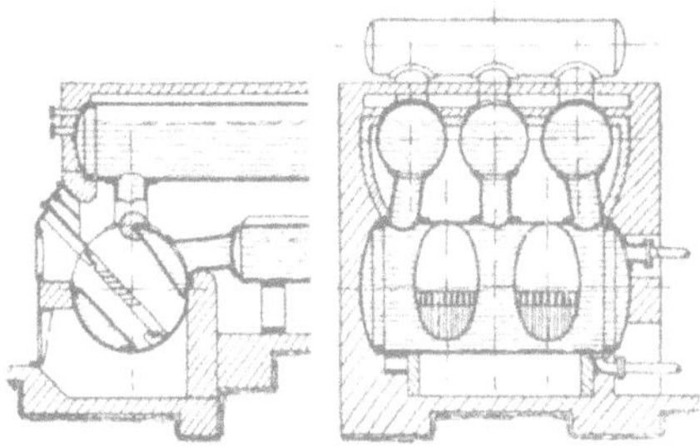

Fig. 39. Tenbrink-Kessel.

6. Kleinkessel.

Diese Kessel werden in der Regel stehend und ohne Einmauerung ausgeführt. Sie sind für kleinere Anlagen mit beschränktem Grundriß sowie für Dampfkrane, Rammen, Schiebebühnen usw. bestimmt und werden bis ca. 30 qm Heizfläche gebaut. Man unterscheidet verschiedene Typen von Vertikalkesseln. Am häufigsten kommen die sog. Lachapelle-Kessel (Fig. 40) zur Anwendung. Dies sind stehende Flammrohrkessel, auch Quersiederkessel genannt. In dem zylindrischen Kesselmantel befindet sich das Flammrohr bzw. die Feuerbüchse mit der Feuerung. Die Feuerbüchse ist zwecks Vergrößerung der Heizfläche von einigen übereinander und versetzt angeordneten Quersiedern (Galloway-Röhren) durchzogen. Der Blechschornstein sitzt in der Regel unmittelbar auf dem Kessel. Zu empfehlen ist, das Rauchrohr in seinem dampfberührten Teil durch ein Einhängerohr vor der Einwirkung der Heizgase zu schützen.

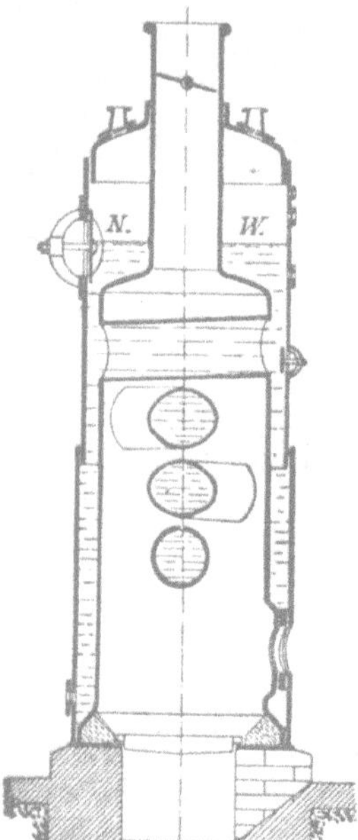

Fig. 40. Stehender Quersiederkessel (Lachapelle-Kessel).

Die Reinigung des Kessels von Schlamm und Kesselstein ist sehr unbequem auszuführen. Es empfiehlt sich deshalb, mit möglichst reinem Wasser zu speisen, da bei schlechtem Speisewasser die unteren Sieder stark leiden und evtl. durchbrennen.

Bei einem anderen System, dem stehenden Heizrohrkessel (Fig. 41) ist die Feuerbüchse wesentlich niedriger ausgebildet. In die Decken der Feuerbüchse und des äußeren Kesselmantels sind senkrecht stehende Heizröhren eingewalzt, welche von den Heizgasen durchzogen werden. Der Verdampfungsspiegel ist hier verhältnismäßig klein, doch bewirken die durch den Dampfraum gehenden Röhren eine gute Dampftrocknung.

Auch hier sollte nur mit reinem Wasser gespeist werden, da die Reinigung des Rohrbündels von Kesselstein sehr mühsam ist. Setzen sich an der Feuerbüchsrohrwand Schlamm oder Kesselstein, bzw. von den Röhren abfallende Kesselsteinsplitter fest, so werden die Rohrverbindungen leicht undicht und die Rohrwand unter Umständen rissig. Auch die Feuerbüchse kann leicht Schaden erleiden, wenn sich in dem schmalen Wasserraum zwischen Feuerbüchse und Mantel Schlamm ansetzt.

Ein weiterer Kleinkessel ist der sog. Field-Kessel (Fig. 42). Das Charakteristische desselben sind die Field-Rohre, das sind am unteren Ende zugeschweißte Siederohre, welche in der Feuerbüchsdecke befestigt sind und in das Innere der Feuerbüchse hineinragen. In den eigentlichen

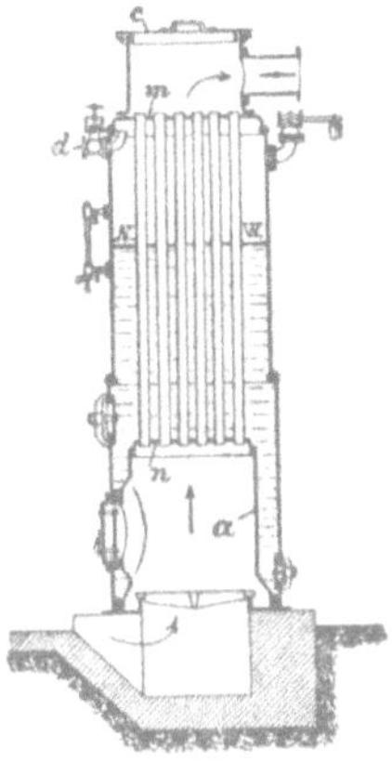

Fig. 41. Stehender Heizrohrkessel.

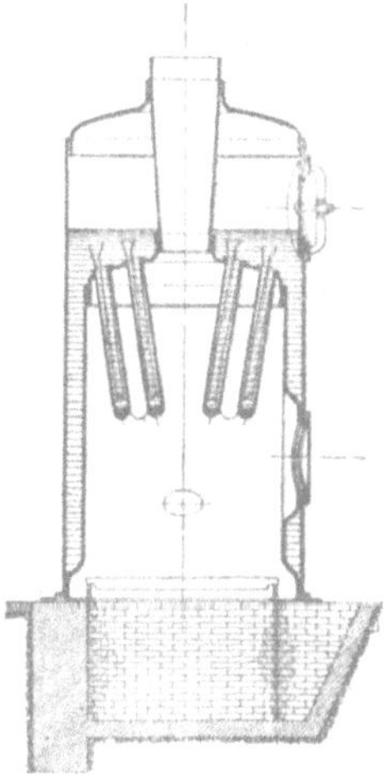

Fig. 42. Field-Kessel.

Field-Rohren befinden sich engere Einhängerohre, welche einen Wasserumlauf sowie eine längere Haltbarkeit der Field-Rohre bewirken sollen.

Besser sind im Falle der Fig. 40 und 42 flache Böden für Kessel und Feuerbüchse. Da sich Mantel und Feuerbüchse beim Anheizen ungleich dehnen, so sollten die Böden federnd, d. h. nachgiebig sein. Gewölbte Böden sind aber weniger elastisch als flache.

Außer den beschriebenen Kesseln gibt es noch eine Reihe von anderen, auf welche jedoch hier nicht näher eingegangen werden kann, zumal dieselben verhältnismäßig selten zur Ausführung kommen. Am häufigsten wird, wie bereits einleitend erwähnt, der Quersiederkessel ausgeführt.

Alle diese Kessel eignen sich infolge ihres geringen Wasserinhalts und mit Rücksicht darauf, daß kein Mauerwerk mitzuerwärmen ist, für schnelles Anheizen. Dagegen ist die Brennstoffausnützung meist keine besonders gute; auch erzeugen sie in der Regel nassen Dampf. Wegen der kurzen Feuerzüge sind moglichst kurzflammige Brennstoffe zu empfehlen.

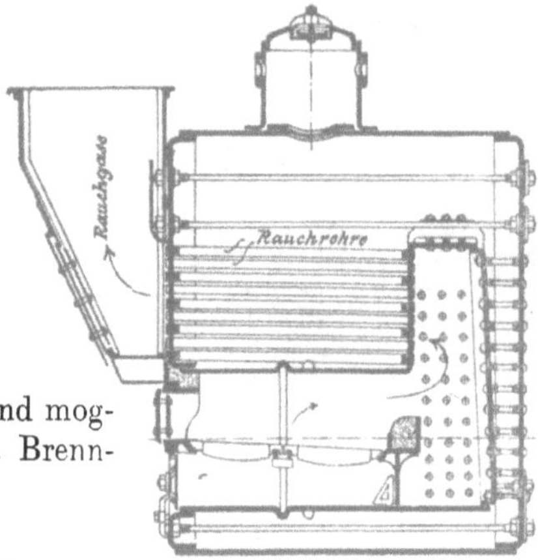

Fig. 43. Schiffskessel mit zwei Flammrohren und rückkehrenden Heizröhren.

Schiffskessel.

Als Schiffskessel kommen Heizröhrenkessel mit Flammrohren (bzw. Feuerbüchsen) sowie Wasserröhrenkessel in Betracht, und zwar werden dieselben aus Platzrücksichten ohne Einmauerung ausgeführt. Am häufigsten sind die Kessel mit Flammrohren und rückkehrenden Heizröhren (Fig. 43) in Anwendung. Je nach der Größe des Kessels kommen hierbei ein, zwei oder drei Flammrohre, bei ganz großen Kesseln wohl auch vier Flammrohre zur Ausführung. Seit einigen Jahren führt sich der Wasserrohrkessel immer mehr ein, und es hat den Anschein, daß derselbe der Schiffskessel der Zukunft wird. Die Wasserröhren können hierbei gerade oder gebogen ausgeführt werden. Die gebogene Form gestattet in vielen Fällen eine bessere Anpassung an die Schiffsform sowie eine günstigere Gestaltung des Feuerraums und der Feuerzüge. Außerdem sind, wie bereits früher erwähnt, die gebogenen Röhren sehr gut geeignet, Formänderungen infolge von Wärmewirkungen aufzunehmen, was bei den sehr hohen Anforderungen, welche an Schiffskessel gestellt werden, von Wichtigkeit ist.

Register.

FSC
www.fsc.org
MIX
Papier | Fördert
gute Waldnutzung
FSC® C083411

Zeitfracht Medien GmbH
Ferdinand-Jühlke-Straße 7
99095 Erfurt, Deutschland
produktsicherheit@kolibri360.de